神州园林风景树精要

主编　薛继岗　张 颖　赵朝艮

中国林业出版社

图书在版编目（CIP）数据

神州园林风景树精要 / 薛继岗，张颖，赵朝良主编. -- 北京：中国林业出版社，2019.5
ISBN 978-7-5219-0070-5

Ⅰ. ①神… Ⅱ. ①薛… ②张… ③赵… Ⅲ. ①园林树木－介绍－中国 Ⅳ. ① S68

中国版本图书馆 CIP 数据核字 (2019) 第 085610 号

中国林业出版社
责任编辑：李 顺　薛瑞琦
出版咨询：（010）83143569

出版：中国林业出版社（北京西城区德内大街刘海胡同 100009）
网站：http://www.forestry.gov.cn/lycb.html
印刷：固安县京平诚乾印刷有限公司
发行：中国林业出版社
电话：（010）83143500
版次：2019 年 5 月第 1 版
印次：2019 年 5 月第 1 次
开本：889 mm × 1194 mm 1/16
印张：15.5
字数：200 千字
定价：198.00 元

《神州园林风景树精要》

编写人员名单

主　　审：侯鲁文

主　　编：薛继岗　张　颖　赵朝良

副 主 编：殷才生　孙　杰　崔　进　邵丽华　黄元刚　王玉峰
　　　　　蒋镜丽　张宪华　张长征　李庆武　付加波

编　　委：徐　文　刘玉红　筱　杨　谢明春　冯丽雅　黄国强
　　　　　张岐玉　谢　辉　孙植平　满淑霞　卢杰书　侯永明
　　　　　高永娟　王一山　董福臣　张铭华　张宇平　朱永金

首席摄影：郭成源

摄　　影：梁淑贞　薛继岗　张　颖　殷才生　王建华　安文龙
　　　　　沈　彤　潘雪芹　筱　杨　邵丽华　崔　进

前言

大自然每一棵树木，都以它独特的身姿及相貌展现出生动的魅力和神韵。这不仅是大自然绝美的杰作，更是一种博大精深的生命艺术。园林正是因为有了这些风景树，才有了生机和灵气，才显得生动活泼。风景树是园林构成的一个重要的因素，犹如园林之精髓，有画龙点睛之妙。园林如果离开了风景树也就失去了美感，失去了灵魂。自然式园林着意表现自然美，对风景树的选择标准也就非常重视。

园林风景树是泛指具有一定观赏价值的木本植物，是园林的重要组成部分。风景树的核心价值在于"美"，具体包括"形美""色美""味美""雅美""人文美"等。第一，园林风景树的形美一方面指风景树整体景观高大、雄伟，另一方面也可指树木的根、茎、叶、花、果形态奇特、怪异。例如榕树的根、五叶槐的叶子、珙桐树的花、元宝枫的果实等等，都是园林绿化常用的特色风景树种。第二，园林非常重视园林风景树的色彩特征，以求园林色彩丰富，一年四季五光十色，红、绿不断。例如松、柏类风景树可使园林常年苍翠；火棘、枸骨及石楠的果实通红、亮丽，经冬不落，是园林冬季的一大观赏亮点。第三，好的园林十分重视园林风景树的芬芳，力求一年四季香味不断。例如，目前多数园林都要配植一定数量的丁香、桂花、梅花，扑鼻的香味使游人精神焕发，愉悦身心。第四，好的园林都十分追求园林氛围的高雅。在园林风景树中，最具高雅氛围的莫过于竹子，有竹则雅，无竹则俗。竹之枝杆挺拔、修长，亭亭玉立，袅娜多姿，四时青翠，凌霜傲雨，备受人们喜爱，向来有"梅兰竹菊"之"四君子"之雅称。

园林风景树又称景观树，涵盖所有一切具有观赏价值的乔木、灌木及藤本树木。可以是落叶的，也可以是常绿的；可以是阔叶的，也可以是针叶的；可以是孤植的，也可以是群植的。我国各地树木种类相当丰富，可选作园林风景树的树种也很多，其观赏价值各有千秋，不可把风景树拘泥在某些少数树种范围之内。

我国园林被举世公认为世界园林之母，以追求自然精神境界为最终和最高目的，从而达到园林虽由人作，却宛如天开的审美旨趣。它深浸着中华文化的智慧，是中华五千年文化史造就的艺术结晶，是我们今天需要继承与发展的瑰丽事业。

本书全面、系统地介绍了我国南北各地知名园林精要风景树木 229 种。对每一风景树种的景观特色分别附有 3~5 幅高清晰度彩色图片进行展示；另对该风景树种之形态特征、生态特性、适合园林主题类型、配置方式、栽植技术要点、养护要点等均有相关文字说明。可谓生动形象、图文并茂；其知识性、技术性、艺术性、观赏性、趣味性兼备；对书内所介绍各项园林先进技术可操作性强，权威性高，不失为广大园林界朋友之良师益友。

鉴于本书作者水平有限，书内错误及疏漏之处在所难免，望各位同仁不吝批评指正。

编 者

2019 年 1 月 16 日

概 论

我国幅员辽阔，涵盖寒带、温带及热带等多个气候带，包含了山地、丘陵、平原、高原、沙漠等各种地形、地貌。这种生态环境的多样性，便导致了我国树木种类异常丰富。仅就《中国树木志》（郑万钧，2004）一书就记载了中国原产和引种栽培的树种179科，近8000余种（含亚种、变种、变型、栽培种）。我国园林树木专家张天麟教授所著的《园林树木1600种》（2009）一书便编集了我国目前园林绿化栽培和习见野生木本植物1600种，加上亚种、变种、变型、栽培变种和附加种，总数在2600种以上，隶属于133科，计629属。这说明我国可用作园林绿化风景树的植物资源相当丰富，以此便能在祖国的大地上建造出丰富多彩的各种园林及各类风景区。

在目前园林绿化建设中，各类古树名木越来越多地被应用为园林风景树。生长百年以上的古树已进入缓慢生长阶段，形态上给人以饱经风霜、苍劲古拙之感，具有独特的观赏价值。世界上长寿树大多是松柏类、栎树类、杉树类、榕树类以及银杏、槐树等。据我国有关部门规定，一般树龄在百年以上的大树即为古树。我国不少地方又具体把古树分为一、二、三级。具体规定：一级古树包括柏树类、白皮松、七叶树，胸径（距地面1．3米）在60厘米以上，油松胸径在70厘米以上，银杏、国槐、楸树、榆树等胸径在100厘米以上的古树，且树龄在500年以上者，定为一级古树。二级古树包括柏树类、白皮松、七叶树，胸径在30厘米以上，油松胸径在40厘米以上，银杏、楸树、榆树等胸径在50厘米以上的，且树龄在300~499年者，定为二级古树。其他树龄在100~299年者，均定为三级古树。某些树木属于稀有、名贵或具有人文历史价值或纪念意义的，则被称为名木。名木一般也为古树。例如山东曲阜孔庙内“先师（孔子）手植桧（圆柏）”即为名木，亦为古树。

园林风景树的观赏价值从着生的集、散不同，又可以分为个体美和群体美两个层面。例如泰山和黄山上的迎客松属于个体美，而北京香山红叶及长江三峡红叶，则属于群体美。在园林规划设计上，非常关注各类风景树栽植面积的大小及不同风景树之间的配植方式，以充分显现出该风景树的美感。在经典园林风景树的组合中，“玉堂春富贵”是指通过一定的栽植方式把这五种观赏树木配置在一起：玉兰象征品质高洁；海棠花象征艳美、高雅；迎春花象征富有生命力，不惧恶劣环境，有相爱到永远的寓意；牡丹花象征富贵、吉祥；桂花四季常绿，不畏寒冬，花小却香气迷人，象征有高洁富贵之寓意。从而组成了一个“玉堂春富贵”之美丽、吉祥的人文意境。

观赏果树具有集观花、赏叶、瞻果、闻香等多项功能的一类园林风景树，是园林景观构成的特色组成部分，可以丰富园林景观层次与季相变化，具有重要的应用价值。例如在目前园林建造中，越来越多的采用柿树作为园林风景树，秋末满树艳红的柿果犹如火红的灯笼悬挂于蓝天，其惊艳的观赏效果引人入胜。

园林树木盆景是展现园林风景树观赏价值的另一层面。我国四大名园（北京颐和园、承德避暑山庄、苏州拙政园及留园）都配置了相当数量的树木盆景，供游人观赏。盆景是风景树的微观表现，由于盆景制作中对树木材料进行了艺术加工，所以树木盆景中的树木观赏价值更高，艺术性更强。苏州留园内专门设一树木盆景园，汇集了不少树木盆景精品，令游人赞不绝口。

随着社会的发展，目前园林上仿真树木得到越来越广泛的应用。刚开始仿真树木往往和通讯基地铁塔相结合，仿真树塔结构精致、逼真，外形美观幽雅，贴近自然且融于自然，具有生机勃勃的时代气息。树塔表面采用热镀锌，防腐蚀性能好，且在其表面装有仿真树皮，是防水、防火、防腐蚀的一种高级复合型材料制造而成，可保证其外观长期不剥落。仿生树除应用于通讯基地树塔以外，目前也越来越多地应用于城市广场和行道树绿化，例如制造出仿迎客松、仿椰树、仿棕榈树等多种仿生树木，均可以取得以假乱真的效果。我国最早、最大的一棵仿真树是山西省洪洞县“寻根祭祖园”内的一棵大槐树。明朝洪武、永乐年间，国家实行有组织、有计划的大移民，这对当时恢复生产、均衡人口、发展经济、开发边疆等都具有一定的历史意义。迁徙前后长达 50 年之久，涉及 1230 个姓氏。以这里为中心，往全国各地移民数以亿计。洪洞县大槐树当年生长在洪洞县城北广济寺内，相传为汉代所植。当时国家在洪洞县广济寺专设移民局，在大槐树下办理各种迁徙手续。洪洞移民将大槐树视为永远的故乡。可惜年代久远，当年明代的大槐树，于清代顺治八年（1651 年）和寺院一起毁于汾水水灾。现在看到的大槐树是民国 3 年（1914 年）后人在大槐树原址上用水泥和钢铁建造的仿真树。此仿真树高 30 余米，分外雄伟壮观，极为逼真，是我国园林仿真艺术之巨作。

随着社会和科学技术的发展，城市节日期间人们为了在夜间也能观赏到园林风景树之美景，便在风景树上及风景树周围安装彩色照明设施，把风景树照射得五颜六色、富丽堂皇，使风景树的观赏效果倍增，无不使游人兴高采烈，大大提高了节日的喜庆氛围。

好的园林无不追求园林季相色彩变化的丰富，从而在园林风景树的选择上十分重视彩叶树种。彩叶风景树的应用，使园林一年四季五颜六色，变化无穷。例如红枫、鸡爪槭、黄栌及火炬树的红叶；紫叶李的紫叶；秋天银杏的黄叶等等，都是园林上的美容大师，万万不可缺少。另外，山茱萸科的红瑞木，在大雪纷飞的深冬，其身躯却展露出鲜艳的红色，从而赢得众多游人的赞叹。

园林风景树观赏价值往往有相关园林诗词的烘托。例如唐代杜牧的《山行》，诗曰：“远上寒山石径斜，白云生处有人家。停车坐爱枫林晚，霜叶红于二月花。”简单一首短诗，却把半山坡上枫叶的红色形容得活灵活现，淋漓尽致。一片深秋枫林美景生动地展现在我们面前，诗人惊喜地发现在夕晖晚照下，枫叶流丹，层林如染，真是满山云锦，如烁彩霞，它比江南二月的春花还要火红，还要艳丽呢！难能可贵的是，诗人通过这一片红色，看到了秋天像春天一样的生命力，使秋天的山林呈现一种热烈的、生机勃勃的景象。再如诗人林文聪诗曰："堂前紫燕衔春至，户外红梅傲雪开。"生动、形象地刻画了早春梅花冒雪开放的景象。

所有园林都是一定空间范围的植物群落，它们这种空间上的垂直配置，形成了群落的垂直层次结构。植物群落中的一些植物，如藤本植物和附、寄生植物，它们并不独立形成层次，而是分别依附于各层次中，称为层间植物。藤本植物和附、寄生植物在园林中有着独特而重要的意义。我国南方园林由于气候条件好，层间植物的种类及数量相当丰富；相反，我国北方园林由于气候条件差，层间植物的种类及数量要少得多。目前，北方园林层间植物一般包括紫藤、凌霄、扶芳藤、爬行卫矛、地锦及络石等等。园林层间植物是园林植物群落的重要组成部分，如果应用得好，可以展现出惊艳的景观效果，我们应该给予足够的重视。

对于园林风景树树种的选择，我们要充分应用当地乡土树种。乡土树种是指本地区天然分布树种或者已引种多年且在当地一直表现良好的外来树种。乡土树种历经长期的自然选择和磨练，已经适应了当地的自然环境，在一些水资源短缺、温度变化幅度较大、土壤肥力不足以及光照时间短的区域，也能很好地生存。这是植物在特定自然环境中长期适应、进化的结果。大量采用当地乡土树种作为园林风景树，可在建园时降低购苗经济成本、提高苗木栽植成活率，确保苗木后期生长良好，以尽快形成园林预期景观效果。其实，以北方园林来说，北方乡土风景树树种相当丰富。例如北方的杨、柳、榆、槐、银杏、流苏、小叶朴、蜡梅、梅花、白皮松、赤松、油松、华山松、侧柏、圆柏、柽柳、臭椿、刺楸、丁香、杜鹃、牡丹、梓树、苦楝、桑树等等，如果养护得好，都可以成为优良风景树。另外，刺槐在园林上被人们看做是微不足道的一个树种，但刺槐春天那一树烂漫的槐花以及寒冬那整个一树扶疏枝冠的投影神韵，无不令人神往，是不应被遗忘的艺术角落。目前在市场上有一句很有名的广告用语，叫做"土的掉渣"，殊不知这种"土的掉渣"倒是一种难得的"时尚"。我们要善于应用那些"土的掉渣"的树种，打造出具有乡土特色的"时尚园林"。

园林绿化对于风景树树种的应用，首先要参考经典，但又要有所创新，做到有经典而不俗。园林对于风景树的规划设计，应该遵循的最根本的一条就是"适地适树"，万万不可"跟风"和"异想天开"。例如，在北方有一座城市在规划由市中心通往飞机场高速公路行道树时，竟采用了南方热带的椰子树。其结果是在夏天风光一时，而冬天过后，椰子树全部冻死，一败涂地，全军覆没，给国家造成严重的经济损失，其教训极为深刻。园林风景树树种的选择，一定要充分考虑园林所在地的气候条件和土壤条件，全面做好当地树种种类及生长情况调查，万不可凭"想当然"办事。

随着社会的发展，人们为了把南方的优良风景树引到北方来，目前北方有不少城市建造超级大棚，以此解决南方风景树在北方不能越冬的难题，人们把这种形式叫做“生态园林”或“保护地园林”。这种形式多和当地旅游、饭店相结合。

园林风景树是园林的生力军和主力军。风景树的种类要力求丰富，不拘一格，以保证园林树种多样性，以便提高园林的整体观赏性，也有利于维护园林生态系统的生态平衡。对于某一具体园林来说，尽管存在多种风景树，但其中总有一些树种其数量最多，形体最大，生物量最大，对园林生态环境影响最大，我们把它叫做主导风景树。主导风景树决定着该园林的景观主格调。我们要时时关注这种主导风景树个体数量及生长优劣的变化，加强调控，以维系该园林主体景观的延续。

目录

风景树树种

001 银杏 *Ginkgo biloba*

银杏科 银杏属

别称：白果树、公孙树、鸭脚树

大树龙蟠会鲁侯，烟云如盖笼浮丘。

千年沧桑皆成幻，独有大树伴客游。

——清 · 陈全国《浮来山大银杏》

落叶大乔木，树高达30m，胸径达4m。幼树树皮近平滑，浅灰色；大树之皮灰褐色，不规则纵裂，粗糙。叶折扇形，末端常2裂；具长柄；放射状叶脉；在长枝上互生，在短枝上簇生；秋叶金黄。花雌雄异株；种子核果状，具肉质外种皮，种皮白色，种仁可食，故称白果。花期3~4月，果期9~10月。

山东莒县天下第一银杏树

性喜光；耐寒；耐干旱瘠薄，但不耐盐碱及过湿土壤。

我国分布很广，北起沈阳，南至广州，都有银杏生长。

银杏树体高大，树干通直，姿态优美；春夏翠绿，深秋叶子金黄，观赏价值甚高，广泛应用于园林风景树和行道树树种。

银杏在3.45亿年前曾广泛分布于北半球，约50万年前，由于冰川袭击而几乎全部灭绝，只在中国极个别地方幸存下来，故被称为活化石树种，成为中国的特有树种。山东莒县浮来山定林寺大银杏被誉为天下第一银杏树，传说东周春秋时期齐国和莒国国君在此树下结盟。该树树高26.7m，基干树围15.7m，8人合抱方能合围。据专家考证，此树至少已有四千年历史，且至今仍然繁茂生长，实属天下一大奇观，使众多游人为之震撼。

青岛市崂山古银杏

泰山岱庙古银杏冬态远景

银杏秋叶

银杏果实

002 垂柳 *Salix babylonica*

杨柳科 柳属

四面荷花三面柳，一城山色半城湖。

——清·刘凤诰《咏大明湖》

落叶大乔木，高达18m，胸径达1.5m。枝条细长、下垂（垂枝一般在2m以上；绦柳小枝一般只能下垂1m左右）；小枝黄绿色或褐色。叶狭长，披针形，长9~16cm，微有毛，叶缘具细锯齿；叶柄长6~12mm。雄花具2雄蕊；雌花具1个腺体（绦柳雌花为2个腺体）。花期3~4月，果期4~5月。

性喜水湿，也较耐干旱。喜光，喜温暖湿润气候及潮湿深厚之酸性及中性土壤。较耐寒，我国北京及以南广大黄河、淮河、长江流域都能正常生长。垂柳萌芽力强，根系发达，生长迅速，15年生树高达13m，胸径达24cm。

济南大明湖垂柳远景

山东济南大明湖门口垂柳

垂柳枝叶

泰山脚下广生泉垂柳

苏州周庄垂柳景观

垂柳在我国南北各地分布很广，其中以长江流域最为多见。黄河流域人们说的垂柳其实多为绦柳，应注意区分。

垂柳枝条细长，婀娜多姿，生长迅速，自古以来深受人们热爱。最宜配植在水边，如桥头、池畔、河流、湖泊等水系岸边。与桃花间植可形成桃红柳绿之景，是江南园林春景的特色配植方式之一。可用作园林庭荫树、行道树、风景树，也适用于工矿区绿化和四旁绿化。目前，国外有金枝垂柳 ‘Aurea’ 和卷枝垂柳 ‘Crispa’ 变种。

003 南洋杉 *Araucaria heterophylla*

南洋杉科 南洋杉属

雄伟壮观姿态美，枝叶扶疏非等闲。

酷似天国圣诞树，神树下凡降人间。

大叶南洋杉

常绿大乔木，在原产地高达60~70m，胸径达1m以上，塔形树冠。大枝轮生，平展；侧生小枝羽状，密生，常呈“v”状。幼树小枝之叶常呈锥形、四楞形。叶二型，幼树和侧枝的叶排列疏松、开展，锥状、针状、镰状或三角状；大枝及花果枝上之叶排列紧密而叠盖，斜上伸展，微向上弯，卵形、三角状卵形或三角状，长6~10mm。球果卵形或椭圆形，长6~10cm，径4.5~7.5cm。种子椭圆形，两侧具结合而生的膜质翅。

性喜光，喜湿热海洋性气候，极不耐寒；在气温25~30℃时生长最佳。生长较快，萌蘖力强，抗风强。冬季需充足阳光，夏季避免强光暴晒，忌北方春季干燥的狂风和盛夏的烈日。盆栽要求疏松肥沃、腐殖质含量较高、排水透气性强的培养土。

原产大洋洲诺福克岛，我国主要分布在华南各地。

南洋杉树形高大，树姿优美，极具观赏价值，是世界著名的风景观赏树。我国南方热带地区常用作行道树及庭园观赏树，观赏效果甚佳，是我国南海的代表树种。南洋杉和雪松、日本金松、北美红杉、金钱松被称为是世界五大公园风景树种。

南洋杉枝叶

华南植物园南洋杉林

大叶南洋杉枝叶

004 云杉 *Picea asperata*

松科 云杉属

生在寒山不知名，作客人间圣诞树。

常绿大乔木，树高可达45 m。树皮淡灰褐色或淡褐灰色，裂成不规则鳞片或稍厚的块片脱落。小枝有疏生或密生的短柔毛，淡褐黄色。叶枕有白粉，或白粉不明显。冬芽圆锥形，有树脂，基部膨大。叶辐射状伸展，侧枝上面之叶向上伸展，下面及两侧之叶向上方弯伸。球果圆柱状矩圆形或圆柱形，上端渐窄，成熟前绿色，熟时淡褐色或栗褐色，长5~16cm。种子倒卵圆形，长约4mm，连翅长约1.5cm；种翅淡褐色。花期4~5月，果期9~10月。

性耐阴。耐干燥及寒冷。在气候凉润、土层深厚、排水良好的微酸性棕色森林土地带生长迅速，发育良好。

云杉以华北山地分布广泛；东北的小兴安岭等地也有分布。2014年2月，瑞典科学家在一座高山上发现了一株9500岁云杉，堪称为“世界上最古老”的树，而且它还在继续生长，被当地人们誉称“世界爷”。

云杉四季常青，枝叶扶疏，观赏价值很高。目前越来越多的被人们应用为园林风景树及行道树。

黑龙江省森林植物园云杉树

云杉叶子

云杉果实

005 蓝粉云杉 *Picea pungens* 松科 云杉属

天下树木皆为绿，今朝偶见蓝精灵。

蓝粉云杉叶子

蓝粉云杉果实

常绿大乔木，树高达20m，胸径达50cm，树冠塔形。针叶蓝绿色，长10~15cm；在小枝上螺旋状排列，稍有扭曲，末端尖。球果着生于叶腋，长10cm。结果量大，种子多。

性喜光，耐寒，耐干旱；抗空气污染；喜凉爽湿润的气候及酸性土壤。

原产于北美西部山地。在美国及北欧广泛作为园林风景树，我国北京植物园有批量引进，生长良好。目前在我国不少城市均有引进。

该树种枝叶呈现稀有的蓝绿色，格外引人注目，在园林色彩构图上有重要意义。大约在20年前，北京植物园从美国北部引进了一种具有蓝粉色彩、针状叶的蓝粉云杉。如今，这十几株大树在其他绿色植物的衬托下，景观效果十分突出，甚至有种耀眼的感觉。若能将其用于园林绿化工程，应该有广阔前景。

北京植物园蓝粉云杉景观

006 雪松 *Cedrus deodara*

松科 雪松属

虎溪闲月引相过，带雪松枝挂薜萝。
无限青山行欲尽，白云深处老僧多。

常绿大乔木，在原产地高可达75m，树冠圆锥形或塔形。大枝平展，小枝略下垂。叶在长枝上辐射伸展，短枝之叶成簇生状；叶针形，坚硬，淡绿色或深绿色，长2.5~5cm，宽1~1.5mm，上部较宽，先端锐尖，下部渐窄，常成三棱形。花期10~11月，球果翌年成熟，椭圆状卵形，熟时赤褐色。

喜阳光充足，也稍耐阴；适温和、凉润气候和上层深厚而排水良好的酸性土及微碱性土壤。

雪松广泛分布于世界北部暖温带落叶阔叶林区及中亚热带常绿、落叶阔叶林区和常绿针、阔叶混交林区。目前我国广泛栽培于长江流域及北京、大连等北方各大城市。

雪松是世界著名的庭园观赏树种之一。雪松树体高大，树形优美，最适宜孤植于草坪中央、建筑前庭之中心、广场中心或主要建筑物的两旁及园门的入口等处。其主干下部的大枝自近地面处平展，长年不枯，能形成繁茂雄伟的树冠。此外，雪松列植于园路的两旁，形成甬道，亦极为壮观。

青岛中山公园雪松古树

雪松树下

月在松间照

青岛中山公园雪松王

雪松果实

007 油松

Pinus tabuliformis

松科 松属

松柏本孤直，难为桃李颜。

——唐·李白《古风》

泰山普照寺六朝松景观

北京植物园大油松

北京颐和园大门内古树景观

常绿大乔木，高达30m，胸径可达1m。下部树皮灰褐色，不规则鳞片状剥落。花序1.2~1.8cm，聚生于新枝下部，呈穗状。球果卵形或卵圆形，长4~7cm。种子长6~8mm，连翅长1.5~2cm，翅为种子长的2~3倍。花期5月，球果第二年10月上、中旬成熟。

性喜光；抗干旱、瘠薄；抗风；喜土层深厚、排水良好的酸性、中性或钙质黄土。耐寒，-25℃的气温均能生长。油松为浅根性树种，栽植时忌黏土；且不宜深栽，否则会长期不旺。

中国特有树种，广泛分布于东北、华中、西北和西南等地区。

油松挺拔苍劲，四季常青，不畏风雪严寒，观赏价值甚高。广泛应用于园林风景树、行道树及庭荫树等。在园林配植中，除了适于作独植、丛植、纯林群植外，亦宜行混交种植。适于作油松伴生树枝的有元宝枫、栎类、桦木、侧柏等。

山东泰安徂徕山古松

008 赤松 *Pinus densiflora*

松科 松属

空山新雨后，天气晚来秋。

明月松间照，清泉石上流。

——唐 · 王维《山居秋暝》

常绿大乔木，树高30~40m，胸径达1.5m。树皮红褐色至橘红色，呈鳞片状剥落。大枝平展，形成伞状树冠；一年生枝淡黄色或红黄色。雄球花淡红黄色，圆筒形；雌球花淡红紫色。球果成熟时暗黄褐色或淡褐黄色，种鳞张开，不久即脱落；种鳞薄，鳞盾扁菱形，通常扁平；种子倒卵状椭圆形或卵圆形，长4~7mm；连翅长1.5~2cm，种翅宽5~7mm。花期4月，球果第二年9月下旬至10月成熟。

深根性；喜光树种，抗风力强，多生长于温带沿海山区及平原地区。

广泛分布于我国黑龙江东部，吉林长白山区、辽宁中部至辽东半岛、山东胶东地区及江苏东北部云台山区；自沿海地带海拔920m山区，常组成次生纯林。

赤松树干曲直有致，树皮橘红色，大枝平伸、飘逸，颇具观赏价值。适我国东部沿海省份广泛用作风景树、行道树及山区造林树种。

大赤松树干

西虎崖赤松林

泰山环山公路赤松行道树

山东沂水县西虎崖大赤松

009 黑松 *Pinus thunbergii*

松科 松属

黑松白芽一身秀，海防线上有美名。

山东威海滨海黑松景观

烟台受海风严重影响的黑松树

常绿大乔木，高达30~40m。幼树树皮暗灰色，老则灰黑色，粗厚，裂成块片脱落。枝条开展，一年生枝淡褐黄色，无毛。冬芽银白色，圆柱状椭圆形或圆柱形，顶端尖，芽鳞披针形或条状披针形，边缘白色丝状。针叶2针一束，深绿色，有光泽，粗硬，长6~12cm，径1.5~2mm，边缘有细锯齿，背腹面均有气孔线。雄球花淡红褐色，圆柱形，长1.5~2cm，聚生于新枝下部；雌球花单生或2~3个聚生于新枝近顶端，直立，有梗，卵圆形，淡紫红色或淡褐红色。球果成熟前绿色，熟时褐色，圆锥状卵圆形或卵圆形，长4~6cm，径3~4cm。花期4~5月，种子第二年10月成熟。

性喜光，耐干旱瘠薄，不耐水涝，不耐寒。适生于温暖湿润的海洋性气候。最宜在土层深厚、土质疏松、且含有腐殖质的砂质土壤处生长。耐海风，抗海雾。

广泛分布于山东沿海地带、蒙山山区以及武汉、南京、上海、杭州等地。

黑松蟠曲有致，姿态雄壮，高亢壮丽，枝干横展，树冠如盖，四季常青，颇具观赏价值。黑松为著名的海岸绿化树种，可用作防风、防潮、防沙林带及海滨浴场附近的风景林、行道树或庭荫树。

青岛滨海行道树景观

山东威海海岸黑松雪景

010 樟子松 松科 松属

***Pinus sylvestris* L. var. *mongolica* Litv.**

拔地而起冲霄汉，娇艳彩裙身上穿。

天寒地冻无所惧，盖压群芳非等闲。

东北林业大学樟子松风景树

常绿乔木，高达15~25m，最高达30m，树冠椭圆形或圆锥形。树干挺直，3~4m以下的树皮黑褐色，鳞状深裂。叶2针一束，刚硬，常稍扭曲，先端尖。雌雄同株，雄球花卵圆形，黄色，聚生在当年生枝的下部；雌球花球形或卵圆形，紫褐色。球果长卵状；鳞盾呈斜方形，具纵脊横脊，鳞脐呈瘤状突起。种子小，具黄色或棕色；种翅膜质。花期5~6月，球果第二年9~10月成熟。

樟子松适应性很强。喜光、深根性树种，能适应土壤水分较少的山脊及向阳山坡干旱及养分贫瘠的风砂土或山地石砾土。特耐寒，能忍受－40~－50℃低温。

广泛分布于中国黑龙江大兴安岭海拔400~900m山地及海拉尔以西、以南一带砂丘地区。内蒙古也有分布。

樟子松雄伟高大，树皮颜色多变：上部为黄褐色，下部为灰褐色或者是红褐色，颇具观赏价值，是东北不可多得的园林绿化及用材林造林树种。

哈尔滨森林植物园樟子松林

哈尔滨森林植物园樟子松行道树

011 长白松 松科 松属
Pinus sylvestri var. *sylvestriformis*

美如仙女婷婷立，婀娜多姿人称奇。

常绿乔木，高25~32m，胸径25~100cm。下部树皮淡黄褐色至暗灰褐色，裂成不规则鳞片；中上部树皮淡褐黄色到金黄色，裂成薄鳞片状脱落。冬芽卵圆形，有树脂，芽鳞红褐色。一年生枝浅褐色或淡黄褐色，无毛，3年生枝灰褐色。针叶2针一束，较粗硬，稍扭曲，微扁。雌球花暗紫红色。幼果淡褐色，有梗，下垂。种子长卵圆形或倒卵圆形，微扁，灰褐色至灰黑色；种翅有关节，长1.5~2cm。

长白松为喜光性强、深根性树种，能适应土壤水分较少的山脊及向阳山坡，以及较干旱的砂地及石砾砂土地区。

长白松枝叶

长白松天然分布区很狭窄，只见于中国吉林省安图县长白山北坡海拔700~1600m的二道白河与三道白河沿岸的狭长地段，呈小片纯林及散生林木。

长白松是长白山独有的珍稀树种。由于它主干通直，树形优美，姿态俊秀，逗人喜爱，观赏价值甚高，当地人们称其“美人松”。“美人松”的发现当时引起了植物学界的震动和争论。1976年，时任中国林业科学研究院院长的林学界老前辈郑万钧教授将“美人松”正式认定为“长白松”。从此它便跻身于国家珍稀植物的行列之中。

长白山长白松

长白松秀影

012 黄山松

Pinus taiwanensis

松科 松属

别称：台湾松

云海脚下流，苍松石上生。

—— 丰子恺（1898~1975年）《登天都》

三清山黄山松

常绿乔木，高达30m，胸径达80cm。树皮深灰褐色，裂成不规则鳞状薄片。枝平展，老树树冠平顶。一年生枝淡黄褐色或暗红褐色，无毛，无白粉。针叶2针一束，稍硬直，长7~10cm，边缘有细锯齿。雄球花圆柱形，淡红褐色，长1~1.5cm，聚生于新枝下部成短穗状。球果卵圆形，长3~5cm，径3~4cm，几无梗，向下弯垂；成熟前绿色，熟时褐色或暗褐色，后渐变成暗灰褐色；常宿存树上6~7年。种子倒卵状椭圆形，具不规则红褐色斑纹。花期4~5月，球果第二年10月成熟。

性喜光、喜凉润及空中相对湿度较大的高山气候。在土层深厚、排水良好的酸性土及向阳山坡生长良好。耐瘠薄，但生长迟缓。

黄山松主要分布于中国台湾中央山脉及安徽黄山之海拔750~2800m地区。福建东部（戴云山）及西部（武夷山）、浙江、江西、广东、广西、云南、湖南东南部及西南部山地亦有零星分布。

黄山松姿态坚韧傲然，千姿百态，竞异争秀，美丽奇特，观赏价值很高。黄山松深根性，能牢固地立于岩石之上，虽历经风霜雨雪却依然能亭亭玉立。

黄山松

三清山黄山松远景

013 柳杉 *Cryptomeria fortunei* 杉科 柳杉属

古杉沧桑越千年，满树苍翠刺青天。

老骥伏枥立雄志，咬定青山紧牙关。

常绿大乔木，高达48m，胸径可达2m，树冠狭圆锥形或圆锥形。树皮红棕色，纤维状，裂成长条，片状脱落；大枝近轮生，平展或斜展；小枝细长，常下垂，绿色，枝条中部的叶较长，两端逐渐变短。叶钻形，略向内弯曲，四边有气孔线，长1~1.5cm。雄球花单生叶腋，长椭圆形，长约7mm，集生于小枝上部，成短穗状花序；雌球花顶生于短枝上。球果圆球形或扁球形，径1.2~2cm；种鳞20左右；种子褐色，近椭圆形，扁平，长2~6.5mm，宽2~3.5mm，边缘有窄翅。花期4月，球果10月成熟。

喜砂质壤土，忌积水。柳杉根系较浅，侧根发达，主根不明显，抗风力差，对二氧化硫、氯气、氟化氢等有毒气体有较好的抗性。

柳杉为中国特有树种，分布于长江流域以南至广东、广西、云南、贵州、四川等地。浙江天目山、浙江百山祖有树龄在200~800年较大规模的柳杉古树林。

柳杉树形圆整、挺拔，枝条下垂，婀娜多姿，具很高的观赏价值，是一个良好的园林绿化和环保树种。

北京植物园柳杉景观

福建柳杉王

柳杉枝叶

014 池杉

Taxodium ascendens

杉科 落羽杉属

别称：池柏

林中有水水中林，鱼鸟游翔绕苇浮。

有缘江南来湿地，水光树影醉游人。

——古月 · 七绝《浅吟池杉湖》

无锡鼋头渚池杉林景观

落叶乔木，在原产地高达25m。树干基部膨大，通常有屈膝状的呼吸根（低湿地生长尤为显著）。树皮褐色，纵裂，成长条片脱落。枝条向上伸展，树冠较窄，呈尖塔形；当年生小枝绿色，细长，通常微向下弯垂；二年生小枝呈褐红色。叶钻形，微内曲，在枝上螺旋状伸展，上部微向外伸展或近直展，下部通常贴近小枝，基部下延。球果圆球形或矩圆状球形，有短梗，向下斜垂，熟时褐黄色，长2~4cm，径1.8~3cm。花期3~4月，球果10月成熟。

强阳性树种，不耐庇荫。耐寒，可耐短暂 -17℃的低温而不受冻害。适降水量在1000mm以上生长，长期浸在水中也能生长正常。具一定的耐旱性。

原产于美国弗吉尼亚州。中国许多城市尤其是长江流栽培较多。

树形婆娑，枝叶秀丽，秋叶棕褐色，观赏价值很高，适生于水滨湿地条件，特别适合水边湿地成片栽植、孤植或丛植为园景树；亦可列植作行道树，均可取得较好的景观效果。

无锡鼋头渚池杉风景树景观

池杉林夏景

015 水杉 *Metasequoia glyptostroboides*

杉科 水杉属

拔地而起冲霄汉，水陆两栖耐盐碱。

落叶大乔木，高达35m，胸径达2.5m。树干基部常膨大。树皮灰色、灰褐色或暗灰色；幼树裂成薄片脱落，大树裂成长条状脱落，内皮淡紫褐色。叶条形，长0.8~3.5cm，宽1~2.5mm；上面淡绿色，下面色较淡。球果下垂，近四棱状球形或矩圆状球形；成熟前绿色，熟时深褐色，长1.8~2.5cm，径1.6~2.5cm，梗长2~4cm；种鳞木质，盾形，通常11~12对，交叉对生；能育种鳞有5~9粒种子；种子扁平，倒卵形，间或圆形或矩圆形；周围有翅，先端有凹缺，长约5mm，径4mm。花期2月下旬，球果11月成熟。

喜光；不耐贫瘠和干旱，生长缓慢；移栽容易成活。适应温度为 -8~24℃。多生于山谷或山麓附近地势平缓、土层深厚、湿润或稍有积水的地方。耐寒性强，耐水湿能力强，在轻盐碱地可以生长。

水杉适应性较强，目前广泛栽培于长江及黄河流域。北京及其周围地区亦生长良好。

水杉是秋叶树种，颇具观赏价值。在园林中适于列植、丛植、片植，可用于堤岸、湖滨、池畔、庭园等绿化，在我国园林绿化中占有重要地位。

上海植物园水杉秀影

山东烟台森林公园水杉林

水杉果实

无锡市水边水杉景观

016 侧柏 *Platycladus orientalis*

柏科 侧柏属

干旱瘠薄无所惧，石灰山地雄风展。

山东新泰莲花山古柏景观

泰山岱庙金边侧柏球

泰山岱庙北门枯柏景观

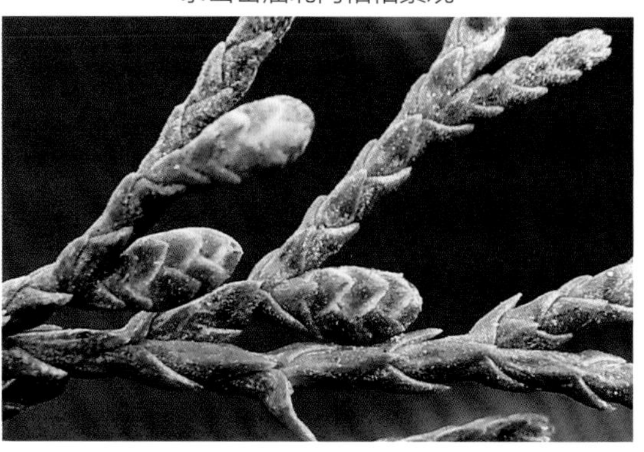

侧柏鳞叶

常绿乔木，高达20多米，胸径达1m。树皮薄，浅灰褐色，纵裂成条片。枝条向上伸展或斜展，幼树树冠卵状尖塔形，老树树冠则为广圆形。小枝细，向上直展或斜展，扁平，排成一平面。叶鳞形，长1~3mm，先端微钝。雄球花黄色，卵圆形，长约2mm；雌球花近球形，径约2mm，蓝绿色，被白粉。球果近卵圆形，长1.5~2（~2.5）cm。种子卵圆形或近椭圆形，顶端微尖，灰褐色或紫褐色，长6~8mm，稍有棱脊，无翅或有极窄之翅。花期3~4月，球果10月成熟。

性喜光，耐强阳光照射；幼时稍耐阴；对土壤要求不严，在酸性、中性、石灰性和轻盐碱土壤中均可生长。极耐干旱瘠薄，萌芽能力强；耐寒，耐高温；浅根性。

广泛分布于我国吉林、内蒙古以南广大地区。在山东只分布于海拔900m以下，以海拔400m以下者生长良好。以华北海拔500m以下山丘地区生长最好。

侧柏四季苍翠，极耐干旱瘠薄，适应性极强，是中国石灰质山地应用最广泛的园林绿化树种之一，自古以来就习惯栽植于寺庙、陵墓中。

017 圆柏

Sabina chinensis

柏科 圆柏属

别称：桧柏

盖压群芳老寿星，古雅怪奇多神韵。

常绿乔木，高达20m，胸径达3.5m。树皮深灰色，纵裂。小枝通常直或稍成弧状弯曲，生鳞叶的小枝近圆柱形或近四棱形，径1~1.2mm。叶二型，即刺叶及鳞叶；刺叶生于幼树之上，老龄树则全为鳞叶，壮龄树兼有刺叶与鳞叶。雌雄异株，稀同株；雄球花黄色，椭圆形，长2.5~3.5mm，雄蕊5~7对，常有3~4花药。球果近圆球形，径6~8mm，两年成熟，熟时暗褐色。有1~4粒种子，种子卵圆形，扁，顶端钝，有棱脊。

性喜光，较耐阴；忌积水；耐寒，耐热；耐土壤干旱瘠薄，能生于酸性、中性及石灰质土壤上。

广泛分布于我国内蒙古以南至广东、广西广大地区。

树形优美，姿态古雅，大树枝干扭曲有致，可以独树成景，是中国传统的园林树种。千年古桧可呈现“清”“奇”“古”“怪”诸奇景，极具神韵。圆柏可以群植草坪边缘作背景，或丛植片林、镶嵌于树丛的边缘及建筑物附近。

泰山岱庙圆柏行道树

圆柏雪景

圆柏种实

天津公园片植圆柏

018 龙柏 *Sabina chinensis* cv. Kaizuca

柏科 圆柏属 圆柏变种

四季苍翠不改容，扶摇盘曲似龙腾。

青岛中山公园大龙柏

常绿乔木或灌木，高可达8m，树干挺直，树形呈狭圆柱形。小枝扭曲上伸，如龙腾空，故名龙柏。小枝密集，叶密生，多为鳞叶，极少有刺叶，幼叶淡黄绿色，老后为翠绿色。球果蓝绿色，果面略具白粉。

性喜阳，稍耐阴。喜温暖、湿润环境；耐寒。抗干旱，忌积水，排水不良时易产生落叶或生长不良。适生于干燥、肥沃、深厚的土壤，对土壤酸碱度适应性强，较耐盐碱。对氧化硫和氯抗性强，但对烟尘的抗性较差。

广泛分布于我国内蒙古以南广大地区，应用范围很广，在我国园林绿化中占有重要地位。

龙柏树形优美，枝叶碧绿青翠，移栽成活率高，恢复速度快，大量应用于公园、庭园、绿墙和高速公路中央隔离带。龙柏树形除自然生长成圆锥形外，也有的将其攀揉盘扎成龙、马、狮、象等动物形象，也有的修剪成圆球形、鼓形、半球形，单植、群植于广场、庭园；也有的栽植成绿篱，修剪成平直的圆脊形，可表现其低矮、丰满、细致、精细。

青岛市龙柏行道树景观

塔形龙柏

019 塔柏

柏科 圆柏属 圆柏变种

***Sabina chinensis* cv. Pyramidalis**

威武壮观绿树塔，拔地而起刺苍穹。

泰山塔柏景观

常绿乔木，高达20m，胸径达3.5m。树皮深灰色，纵裂，成条片开裂。幼树的枝条通常斜上伸展，形成尖塔形树冠；老则下部大枝平展，形成广圆形的树冠。叶二型，即刺叶及鳞叶；刺叶生于幼树之上，老龄树则全为鳞叶，壮龄树兼有刺叶与鳞叶。生于一年生小枝的鳞叶三叶轮生，直伸而紧密，近披针形，先端微渐尖，长2.5~5mm，背面近中部有椭圆形微凹的腺体；刺叶三叶交互轮生，斜展，疏松，披针形，先端渐尖，长6~12mm，上面微凹，有两条白粉带。雌雄异株，稀同株；雄球花黄色，椭圆形，长2.5~3.5mm，雄蕊5~7对，常有3~4花药。球果近圆球形，径6~8mm，两年成熟，熟时暗褐色，有1~4粒种子。种子卵圆形，扁，顶端钝。

喜光树种，适温凉、温暖气候及湿润土壤。

广泛分布于我国内蒙古以南广大地区。

塔柏树形通直，高大，雄伟壮观，极具观赏价值。华北及长江流域大量用于园林绿化。

北京颐和园塔柏景观

塔柏枝叶

造型塔柏

020 黄荆 马鞭草科 牡荆属

Vitex negundo

寂寥葱葱荒野，岁岁冬藏春兴。

阅尽世间炎凉，冷眼百态人生。

济南植物园水边黄荆植株

落叶灌木或小乔木，树高达3~5m。小枝四棱形。掌状复叶，小叶片长圆状披针形至披针形，顶端渐尖，基部楔形。聚伞花序排成圆锥花序，顶生，花序梗密生灰白色绒毛；花萼片钟状，花冠淡紫色，外有微柔毛，子房近无毛。核果近球形。花期4~6月，果期7~10月开花。

性耐干旱瘠薄土壤，萌芽能力强。适应性强，多用来荒山绿化。湖南各地常见于荒山、荒坡、田边地头。

主要分布于中国长江、黄河流域各省份。多生于山坡路旁或灌木丛中。

黄荆适应性极强，但生长很慢，只可作为造林困难地方绿化、水土保持之用。可以较快实现边坡生态恢复，是一种较好的固坡和水土保持树种。黄荆常作园林盆景栽培，管理比较粗放，也很适合家庭盆栽观赏。

黄荆枝叶

黄荆花序

黄荆果序

021 线柏

柏科 圆柏属 圆柏变种

***Chamaecyparis pisifera* cv. Filifera**

枝叶浓密苍翠美，小枝细长垂如丝。

青岛中山公园大线柏

常绿乔木，在原产地高达50m。树皮红褐色，裂成薄皮脱落；树冠尖塔形。生鳞叶小枝扁平，排成一平面。鳞叶小，先端锐尖，侧面之叶较中间之叶稍长；小枝上面中央之叶深绿色，下面之叶有明显的白粉。球果圆球形，径约6mm，熟时暗褐色；种鳞5~6对，顶部中央稍凹，有凸起的小尖头，发育的种鳞各有1~2粒种子；种子三角状卵圆形，有棱脊，两侧有宽翅，径约2~3mm。

中性树种，喜阳光，略耐阴。喜温凉湿润气候，可耐－10℃低温；不耐干旱。

原产于日本。我国青岛、庐山、南京、上海、杭州等地有引种栽培。

线柏枝叶浓密，绿色或淡绿色；小枝细长下垂，颇具观赏价值。在华东各大城市引种为园林风景观赏树，均生长良好。

乔木状线柏

线柏垂枝

线柏鳞叶

022 罗汉松 *Podocarpus macrophyllus*

罗汉松科 罗汉松属

日望南云泪湿衣，家园梦想见依稀。

短墙曲巷池边屋，罗汉松青对紫薇。

——明·赛涛《忆家园一绝》

常绿乔木，树高达20m，胸径达60cm。树皮灰色或灰褐色，浅纵裂，呈薄片状脱落。枝条平展或斜展，繁密。叶条状披针形，微弯，长7~12cm，宽7~10mm。雄球花穗状、腋生，常3~5个簇生于短的总梗上，长3~5cm，基部有数枚三角状苞片；雌球花单生叶腋，基部有少数苞片。种子卵圆形，径约1cm，先端圆；熟时肉质假种紫黑色；有白粉；种托肉质圆柱形，红色或紫红色，柄长1~1.5cm。花期4~5月，种子8~9月成熟。

罗汉松喜温暖湿润气候，适温15~28℃。耐寒性弱，耐阴性强。对土壤适应性强，喜排水良好湿润之砂质壤土，盐碱土上亦能生存。

罗汉松广泛栽培于中国江苏、浙江、福建、安徽、江西、湖南、四川、云南、贵州、广西、广东等省区。华北各大城市园林均有栽培。日本有分布。

罗汉松树形古雅，神韵清雅挺拔，自有一股雄浑苍劲的傲人气势，有长寿、守财、吉祥寓意。种子与种柄组合奇特，颜色鲜艳，惹人喜爱。南方寺庙、宅院多有种植。

山东济南趵突泉罗汉松

罗汉松果实

罗汉松枝叶

苏州寒山寺罗汉松景观

造型罗汉松景观

023 粗榧 *Cephalotaxus sinensis*

三尖杉科 三尖杉属

粗榧花球

北京植物园粗榧植株景观

成熟果实

海南粗榧行道树景观

常绿灌木或小乔木，少为大乔木，树高达15m。树皮灰色或灰褐色，裂成薄片状脱落。叶条形，排列成两列，通常直，稀微弯，长2~5cm，宽约3mm，基部近圆形，几无柄，上部叶片通常与中下部叶片等宽或微窄。雄球花6~7聚生成头状，径约6mm，总梗长约3mm；基部及总梗上有多数苞片，雄蕊4~11枚，花丝短，花药2~4（多为3）个。种子通常2~5个着生于轴上，卵圆形、椭圆状卵形或近球形，长1.8~2.5cm，顶端中央有一小尖头。花期3~4月，种子8~10月成熟。

阴性树种；具有较强的耐寒性，喜温凉、湿润气候及黄壤、黄棕壤、棕色森林土的山地；抗虫害能力很强。生长缓慢，有较强的萌芽力，一般每个生长期萌发3~4个枝条。耐修剪，不耐移植。

中国特有树种，分布于长江流域及以南地区。

粗榧四季苍翠，树冠整齐，针叶粗硬，有较高的观赏价值。在园林中常与其他树种配置，作基础种植，孤植、丛植、片植均可。利用粗榧耐阴性也可植于草坪边缘或大乔木下作林下栽植材料。老树可制作成盆景观赏。

024 紫杉 *Taxus cuspidata*

红豆杉科 红豆杉属

别称：东北红豆杉

珍稀树木多怪奇，种藏艳红假种皮。

常绿乔木或灌木，树高达20m。树皮紫褐色，鳞片状剥落。叶条形，螺旋状着生，基部扭转排成二列；叶直形或镰状，下延生长。雌雄异株，雄花序圆球形，有梗，基部具覆瓦状排列的苞片；雄蕊6~14枚，盾状，花药4~9，辐射排列；雌球花几无梗，基部有多数覆瓦状排列的苞片，上端2~3对苞片交叉对生；胚珠直立，单生于总花轴上部侧生短轴之顶端的苞腋。成熟时肉质假种皮红色，有短梗或几无梗；种子坚果状，当年成熟，生于杯状肉质的假种皮中，种脐明显；子叶2枚，发芽时出土。

树种耐阴性强，耐寒。在天然林中生长缓慢。

我国以东北地区多见，北京植物园有不少引进，生长良好。

胚珠珠托发育成肉质、杯状、红色的假种皮，颇具观赏价值，人们常把紫杉培养成盆景观赏。有关专家学者确认，紫杉醇是未来最有开发前途的抗癌药物之一。从目前国际市场看，用紫杉醇为原料的抗癌药品发展前景光明。

沈阳植物园紫杉景观

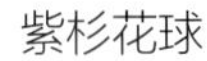

紫杉花球

紫杉果实

北京植物园紫杉景观

025 紫玉兰

Magnolia liliflora

木兰科 木兰属

满树银花漫沁香，千姿百态似霓裳。

怡情淡雅品高洁，馥郁芬芳溢华堂。

——华山《咏 玉兰花》

落叶乔木，高达5m，常丛生。树皮灰褐色，小枝绿紫色或淡褐紫色。叶椭圆状倒卵形或倒卵形，长8~18cm，宽3~10cm。花被片9~12，外轮3片萼片状，紫绿色，披针形，长2~3.5cm；内两轮肉质，外面紫色或紫红色，内面带白色，花瓣状，椭圆状倒卵形，长8~10cm，宽3~4.5cm。雄蕊紫红色，长8~10mm，花药长约7mm，侧向开裂；雌蕊群长约1.5cm，淡紫色，无毛。聚合果深紫褐色，后变褐色，圆柱形，长7~10cm；成熟蓇葖近圆球形，顶端具短喙。花期3~4月，果期8~9月。

百花争艳

喜温暖湿润和阳光充足环境。较耐寒，但不耐旱和盐碱，怕水淹。要求肥沃、排水好的砂壤土。

产于中国福建、湖北、四川、云南西北部。多生于海拔300~1600m的山坡林缘。该种为中国两千多年的传统花卉，中国各大城市均有栽培。

紫玉兰花大而艳美，花姿婀娜，气味幽香，别具风情，观赏价值甚高。适用于古典园林中厅前院后配植，也可孤植或散植于小庭园内。

泰山岱庙紫玉兰盛花景观

紫玉兰花枝

紫玉兰花芯

026 广玉兰

Magnolia grandiflora

木兰科 木兰属

别称：荷花玉兰

霓裳片片晚妆新，束素亭亭玉殿春。

已向丹霞生浅晕，故将清露作芳尘。

——明·睦石《玉兰》

常绿乔木，原产地高达30m。树皮淡褐色或灰色。叶厚革质，椭圆形，侧脉每边8~10条；叶柄长1.5~4cm，无托叶痕，具深沟。花白色，有芳香，直径15~20cm；花被片9~12，厚肉质，倒卵形，长6~10cm，宽5~7cm。雄蕊长约2cm，花丝扁平，紫色，花药内向。聚合果圆柱状，长圆形或卵圆形，长7~10cm。种子近卵圆形或卵形，长约14cm，径约6mm，外种皮红色。花期5~6月，果期9~10月。

喜温暖、湿润气候；较耐寒，能经受短期的－19℃低温；在肥沃、深厚、湿润而排水良好的酸性或中性土壤中生长良好；根系深广，颇能抗风；病虫害少；生长速度中等，实生苗生长缓慢，10年后生长逐渐加快。

目前我国广泛栽培于华北、华中及华南。

广玉兰树姿雄伟壮丽，叶大荫浓，花似荷花，芳香馥郁，为重要的园林绿化观赏树种。宜孤植、丛植或成排种植，广泛用作园景树、行道树及庭荫树。

青岛崂山太清宫广玉兰景观

花如玉盘

洁白无瑕

广玉兰果实

027 玉兰

Magnolia denudata

木兰科 木兰属

别称：白玉兰

绰约新妆玉有辉，素娥千队雪成围。

影落空阶初月冷，香生别院晚风微。

——明·文征明《咏玉兰》

亭亭玉立

北京植物园玉兰园

落叶乔木，高达15~20m，胸径达1m，枝广展，形成宽阔的树冠。树皮深灰色，粗糙开裂。小枝稍粗壮，灰褐色；冬芽及花梗密被淡灰黄色长绢毛。叶纸质，倒卵形、宽倒卵形。花蕾卵圆形，花先叶开放，直立，芳香，直径10~16cm；花梗显著膨大，密被淡黄色长绢毛；花被片9片，白色，基部常带粉红色；雄蕊长7~12mm，花药长6~7mm，侧向开裂；雌蕊群淡绿色，无毛，圆柱形。聚合果圆柱形，长12~15cm，直径3.5~5cm；蓇葖厚木质，褐色，具白色皮孔。花期2~3月（亦常于7~9月再开一次花），果期8~9月。

玉兰树秋色

玉兰性喜光，较耐寒，可露地越冬。爱高燥，忌低湿，栽植地渍水易烂根。喜肥沃、排水良好而带微酸性的砂质土壤，在弱碱性的土壤上亦可生长。在气温较高的南方，12月至翌年1月即可开花。

分布于中国江西（庐山）、浙江（天目山）、河南（伏牛山）、湖南（衡山）、贵州。多生于海拔500~1000m的林中。

玉兰花外形极像莲花，盛开时花瓣展向四方，使庭园青白片片，白光耀眼，具有很高的观赏价值，为美化庭园之理想花木。

冰清玉洁

028 厚朴

木兰科 木兰属

Magnolia officinalis

远志去寻使君子，当归何必问厚朴。

落叶乔木，高达20m。树皮厚，褐色，不开裂。小枝粗壮，淡黄色或灰黄色，幼时有绢毛；顶芽大，狭卵状圆锥形，无毛。叶形大，近革质，7~9片聚生于枝端，长圆状倒卵形，长22~45cm，宽10~24cm。花白色，径10~15cm，芳香；花梗粗短，被长柔毛，离花被片下1cm处具包片脱落痕，花被片9~12(~17)，厚肉质；花盛开时中内轮直立；雄蕊约72枚，长2~3cm，花药长1.2~1.5cm，内向开裂，花丝长4~12cm，红色；雌蕊群椭圆状卵圆形，长2.5~3cm。聚合果长圆状卵圆形，长9~15cm。花期5~6月，果期8~10月。

厚朴为中等喜光树种，幼龄期需荫庇。喜凉爽、湿润、多云雾、相对湿度大的气候环境。在土层深厚、肥沃、疏松、腐殖质丰富、排水良好的微酸性或中性土壤上生长较好。

主产于陕西南部、甘肃东南部、河南东南部(商城、新县)、湖北西部、湖南西南部、四川(中部、东部)、贵州东北部。厚朴为中国特有的珍贵树种。

厚朴叶大荫浓，花大美丽，可作绿化观赏树种。本种资源日益减少，属渐危种，国家二级重点保护野生植物。

厚朴花形

厚朴植株景观

厚朴花蕊

厚朴果实前期

厚朴种子

029 鹅掌楸 *Liriodendron chinense*

木兰科 鹅掌秋属

别称：马褂木

云峰天涯论古今，金盏银杯月一轮。

双瓢树上谁共语？碧波芳菲阅风尘。

落叶大乔木，高达40m，胸径可在1m以上，属中国特有的珍稀植物。鹅掌楸为古生树种，在日本、丹麦、意大利和法国的白垩纪地层中均发现其化石。小枝灰色或灰褐色。叶马褂状，长4~12（~18）cm，近基部每边具1侧裂片，先端具2浅裂，下面苍白色，叶柄长4~8（~16）cm。花杯状，花被片9，外轮3片绿色，萼片状，向外弯垂，内两轮6片、直立，花瓣状、倒卵形，长3~4cm，绿色，具黄色纵条纹；花药长10~16mm，花丝长5~6mm，花期时雌蕊群超出花被之上，心皮黄绿色。聚合果长7~9cm，具翅的小坚果长约6mm，顶端钝或钝尖，具种子1~2颗。花期5月，果期9~10月。

喜光及温和湿润气候，有一定的耐寒性；喜深厚肥沃、适湿而排水良好的酸性或微酸性土壤（pH4.5~6.5），在干旱、瘠薄土地上生长不良，也忌低湿水涝。

我国产于陕西、安徽以南，西至四川、云南，南至南岭山地。

鹅掌楸树形高大、雄伟，叶形奇特古雅，花大而艳丽，为世界珍贵树种之一。17世纪从北美引到英国。其黄色花朵形似杯状的郁金香，故欧洲人称之为“郁金香树”，是城市中极佳的行道树、庭荫树种。

山东农业大学校园鹅掌楸

鹅掌楸花枝

鹅掌楸秋叶

鹅掌楸花枝

鹅掌楸果托

030 蜡梅

Chimonanthus praecox

蜡梅科 蜡梅属

别称：蜡梅

隆冬万树寒无色，偶见蜡梅满树开。

泰山岱庙古蜡梅

蜡梅花枝

‘狗牙’蜡梅伴雪开

‘馨口’蜡梅

落叶灌木，高达4m；常丛生。叶对生，纸质，椭圆状卵形至卵状披针形，先端渐尖，全缘。花着生于第二年生枝条叶腋内，先花后叶，芳香，直径2~4cm；花被片圆形、长圆形、倒卵形、椭圆形或匙形，长5~20mm，宽5~15mm，无毛。花柱长达子房3倍，基部被毛。果托近木质化，坛状或倒卵状椭圆形，长2~5cm，直径1~2.5cm，口部收缩，并具有钻状披针形的被毛附生物。冬末先叶开花，花单生于一年生枝条叶腋，有短柄及杯状花托，花被多片，呈螺旋状排列，黄色，带蜡质，有浓芳香。花期11月～翌年3月，果期次年4~11月。

喜阳光，能耐阴、耐旱，忌渍水。较耐寒，在不低于－15℃时均能安全越冬；适生于土层深厚、肥沃、疏松、排水良好的微酸性砂质壤土上。在盐碱地上生长不良。

广泛栽培于华北以南广大地区。

蜡梅在百花凋零的隆冬开放，尤其在大雪纷飞时更为鲜艳夺目，给人以精神的启迪及美的享受。适于庭园栽植，又适作古桩盆景和插花与造型艺术，是冬季赏花的理想名贵花木。

031 香樟 樟科 樟属

Cinnamomum camphora

一树葱茏向碧空，英姿飒爽势巍宏。
华盖浓荫可避暑，香味飘溢可驱虫。

常绿乔木，高达30m，直径可达3m，树冠广卵形。树皮黄褐色，不规则纵裂。叶互生，卵状椭圆形，长6~12cm，宽2.5~5.5cm，先端急尖，基部宽楔形至近圆形，全缘，有时呈微波状；上面绿色或黄绿色，有光泽，下面黄绿色或灰绿色；具离基3出脉，有时过渡到基部具不明显的5脉。叶柄纤细，长2~3cm，腹凹背凸，无毛。花绿白或带黄色，长约3mm；花梗长1~2mm，无毛。花被外面无毛或被微柔毛，内面密被短柔毛。能育雄蕊9，长约2mm，花丝被短柔毛。子房球形，长约1mm，无毛，花柱长约1mm。果卵球形或近球形，直径6~8mm，紫黑色。花期4~5月，果期8~11月。

喜光，稍耐阴；喜温暖湿润气候，耐寒性不强；适于生长在砂壤土，较耐水湿，但当移植时要注意保持土壤湿度；不耐干旱、瘠薄和盐碱土。

广泛分布于中国淮河流域以南及西南各省区，北至陇海铁路为界。在黄河流域及以北因受冻害而不能正常生长。

该树树姿雄伟，枝叶茂密，冠大荫浓，能吸烟滞尘、涵养水源、固土防沙和美化环境，是城市园林绿化的优良树种，广泛应用于园林庭荫树、行道树、防护林及风景林观赏树种。

上海人民公园大香樟

苏州太湖水岸香樟树

江西景德镇虹关江南第一大香樟

香樟枝叶

香樟花

032 小檗 *Berberis thunbergii*

小檗科 小檗属

别称：日本小檗

傲雪凌风铁骨侠，走南闯北笑天涯。

洁身自好远喧闹，红叶靓丽胜于花。

落叶灌木，树高达2m。多分枝，小枝多红褐色，有沟槽，具短小针刺，刺不分叉。单叶互生，叶片小型，倒卵形或匙形，先端钝，基部急狭，全缘叶；叶表暗绿，光滑无毛，背面灰绿，有白粉，两面叶脉不显，入秋叶色变红。腋生伞形花序或数花簇生（2~12朵），花两性，萼、瓣各6枚，花淡黄色；浆果长椭圆形，长约1cm，熟时亮红色，具宿存花柱，有种子1~2粒。

对光照要求不严，喜光也耐阴；喜温凉湿润的气候环境，耐寒性强，也较耐干旱瘠薄，忌积水涝洼；对土壤要求不严，但以肥沃而排水良好的砂质壤土生长最好；萌芽力强，耐修剪。

原产于日本，目前中国南北各大城市均有栽培。

小檗的叶色有绿色、紫色、金色、红色等，根据品种的不同以及阳光照射的强度不同，呈现出不同的色彩。紫叶小檗初春新叶呈鲜红色，盛夏时变成深红色，入秋后又变成紫红色。

地被配植小檗

小檗枝叶

小檗花枝

柱状造型小檗景观

小檗果枝

033 连香树 *Cercidiphyllum japonicum*

连香树科 连香树属

叶形奇特人间稀，四季翠黄不尽同。

北京植物园连香树景观

落叶大乔木，高10~20m，少数达40m。树皮灰色或棕灰色。小枝无毛，短枝在长枝上对生。叶生在短枝上的近圆形、宽卵形或心形，生在长枝上的椭圆形或三角形，长4~7cm，宽3~6cm；叶柄长1~2.5cm，无毛。雄花常4朵丛生，近无梗；苞片在花期红色，膜质，卵形；花丝长4~6mm，花药长3~4mm；雌花2~6（~8）朵，丛生；花柱长1~1.5cm。蓇葖果2~4个，荚果状，长10~18mm，宽2~3mm，褐色或黑色，微弯曲，先端渐细，有宿存花柱；果梗长4~7mm；种子数个，扁平四角形，长2~2.5mm（不连翅长），褐色，先端有透明翅，长3~4mm。花期4月，果期8月。

耐阴性较强，幼树须生长在林下弱光处，成年树要求一定的光照条件。深根性，抗风，耐湿，生长缓慢，结实稀少。

我国该树种资源很少，仅分布于山西西南部、河南、陕西、甘肃、安徽、浙江、江西、湖北及四川等地。

连香树树体高大，树姿优美；叶形奇特，为圆形，大小与银杏（白果）叶相似，因而得名山白果。叶色季相变化很丰富，即春天为紫红色、夏天为翠绿色、秋天为金黄色、冬天为深红色，是典型的彩叶树种，极具观赏性价值，是园林绿化、景观配置的优良树种。

连香树枝叶

连香树果实

连香树果枝

034 悬铃木

Platanus × acerifolia

悬铃木科 悬铃木属 杂交种

菓道夏日炎，青桐有浓荫。
随风荡铜铃，蓝天满乾坤。

落叶大乔木，树高达35m。枝条开展，树冠广阔，呈长椭圆形。树皮灰绿至灰白色，不规则片状剥落，剥痕呈粉绿色，光滑。单叶互生，叶形大，叶片三角状，长9~15cm，宽9~17cm，3~5掌状分裂。花期4~5月，头状花序球形，直径2.5~3.5cm，长约4mm，萼片4，花瓣4，雄花4~8个雄蕊；雌花有6个分离心皮。球果下垂，通常2球一串。9~10月果熟。悬铃木科悬铃木属分三种，分别为一球悬铃木、二球悬铃木和三球悬铃木。

性喜光。喜湿润温暖气候，较耐寒。适生于微酸性或中性、排水良好的土壤；微碱性土壤虽能生长，但易发生黄化。

悬铃木引入中国栽培已有一百多年历史，我国从北至南均有栽培，以上海、杭州、南京、徐州、青岛、九江、武汉、郑州、西安等城市栽培的数量较多，生长较好。

悬铃木叶大荫浓，树姿优美，适应性强，耐修剪，有净化空气的作用，是一种很好的城市和农村“四旁”绿化树种。悬铃木是世界著名的优良庭荫树和行道树。

悬铃木行道树景观

悬铃木叶形

悬铃木行道树雪景

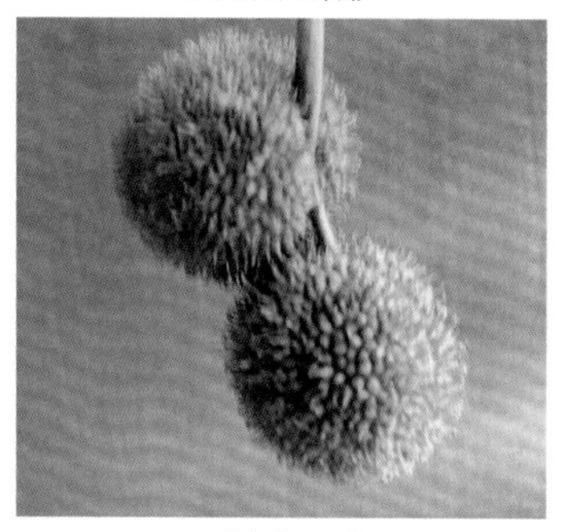

悬铃木果实

035 红花檵木

Loropetalum chinense var. *rubrum*

金缕梅科 檵木属

别称：红檵木

淳朴不乏艳丽，淡雅不失雍容。

不求一枝独秀，但得满园芳华。

青年毛泽东雕塑下的红花檵木

常绿灌木或小乔木。树皮暗灰或浅灰褐色，多分枝。嫩枝红褐色，密被星状毛。叶革质，互生，卵圆形或椭圆形，长2~5cm，先端短尖，基部圆而偏斜，不对称；两面均有星状毛；全缘；暗红色。花瓣4枚，紫红色，线形，长1~2cm；花3~8朵簇生在总梗上呈顶生头状花序，紫红色。蒴果褐色，近卵形。花期4~5月，花期长，30~40天，国庆节期间能二次开花。果期8月。

性喜光，稍耐阴，但阴时叶色容易变绿。适应性强，耐干旱瘠薄。喜温暖，耐寒冷。萌芽力和发枝力强，耐修剪。喜在肥沃、湿润的微酸性土壤中生长。

主要分布于长江中下游及以南地区。

红花檵木枝繁叶茂，姿态优美，耐修剪，耐蟠扎，可用于绿篱，也可用于制作树桩盆景。花开时节，满树红花，极为壮观。

红花檵木枝叶

红花檵木花序

湖南长沙橘子洲头红花檵木景观

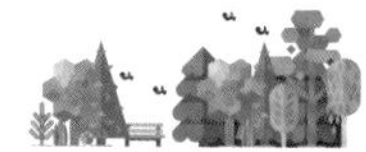

036 枫香 *Liquidambar formosana*

金缕梅科 枫香树属

一日寒霜降，万山皆红遍。

落叶乔木，高达30m，胸径最大可达1m。叶薄革质，阔卵形，掌状3裂，中央裂片较长；叶柄长达11cm，常有短柔毛。雄花短穗状花序，常多个排成总状，雄蕊多数，花丝不等长。雌花头状花序，有花24~43朵；头状果序圆球形，木质，直径3~4cm。种子多数，褐色，多角形或有窄翅。

喜温暖湿润气候；喜光，幼树稍耐阴；耐干旱瘠薄土壤，不耐水涝，不耐盐碱。深根性，主根粗长，抗风力强；不耐移植及修剪。耐寒性差，黄河以北不能露地越冬。

产于中国秦岭及淮河以南各省，北起河南、山东，东至台湾，西至四川、云南及西藏，南至广东。

枫香树秋叶艳红，显得格外美丽。在园林中可栽作庭荫树，可于草地孤植、丛植，或于山坡、池畔与其他树木混植。又因其具有较强的耐火性和对有毒气体的抗性，可用于厂矿区绿化。但因不耐修剪，大树移植又较困难，故一般不宜用作行道树。

南京紫金山枫香景观

枫香秋叶

枫香果序

青岛中山公园枫香秋色

037 杜仲

Eucommia ulmoides

杜仲科 杜仲属

别称：银丝皮

叶形开展滴青翠，满树长有银丝皮。
壮骨强筋药效神，补肝益肾强身体。

杜仲古树林

杜仲幼树

杜仲枝叶

杜仲叶片及所含杜仲胶丝

杜仲皮及所含杜仲胶丝

落叶乔木，高可达20m，胸径达50cm。树皮灰褐色，粗糙，内含橡胶，折断拉开有多数细丝。嫩枝有黄褐色毛，不久变秃净，老枝有明显的皮孔。芽体卵圆形，外面发亮，红褐色，有鳞片6~8片，边缘有微毛。叶椭圆形、卵形或矩圆形，薄革质，长6~15cm，宽3.5~6.5cm；叶柄长1~2cm，上面有槽，被散生长毛。花生于当年枝基部，雄花无花被；花梗长约3mm，无毛。雌花单生，苞片倒卵形。翅果扁平，长椭圆形，长3~3.5cm，宽1~1.3cm，先端2裂，基部楔形，周围具薄翅。早春开花，秋后果实成熟。

喜温暖湿润气候和阳光充足的环境；对土壤没有严格选择，能耐严寒，成株在－30℃的条件下可正常生存。

我国特有树种。分布于华中、华西、西南及西北各地，现广泛栽培。

杜仲树干挺直，枝叶翠绿，树冠圆整，适应性强，病虫害少，可广泛应用为行道树及庭荫树，均有理想效果。

038 白榆

Ulmus pumila

榆科 榆属

别称：家榆、榆树

草树知春不久归，百般红紫斗芳菲；

杨花榆荚无才思，惟解漫天作雪飞。

——唐·韩愈《晚春》

落叶大乔木，树高可达30 m。幼树树皮平滑，灰褐色或浅灰色，大树之皮暗灰色，不规则深纵裂，粗糙。小枝无毛或有毛。冬芽近球形或卵圆形。叶椭圆状卵形，叶面平滑无毛，叶背幼时有短柔毛，后变无毛或部分脉腋有簇生毛；叶柄面有短柔毛。花先叶开放，在叶腋成簇生状。翅果稀倒卵状圆形。花果期3~6月（东北较晚）。

阳性树种，喜光，耐旱，耐寒，耐瘠薄，不择土壤，适应性很强。根系发达，抗风力、保土力强。萌芽力强，耐修剪。生长快，寿命长。能耐干冷气候及中度盐碱，但不耐水湿（能耐雨季水涝）。具抗污染性，叶面滞尘能力强。

广泛分布于中国东北、华北、西北及西南各省区。

白榆树干通直，树形高大，绿荫较浓，适应性强，生长快，是城市绿化、行道树、庭荫树、工厂绿化、营造防护林的重要树种。

哈尔滨森林植物园大榆树

哈尔滨太阳岛榆树雾凇景观

哈尔滨太阳岛榆树雪景

哈尔滨太阳岛榆树下苏联抗日骑兵连雕塑

039 榔榆 *Ulmus parvifolia*

榆科 榆属

榆柳荫后檐，桃李罗堂前。

暖暖远人村，依依墟里烟。

——东晋·陶渊明《归田园居》

落叶乔木，高达25m，胸径可达1m。树冠广圆形，树皮灰色或灰褐，呈不规则鳞片状剥落，露出红褐色内皮。当年生枝密被短柔毛，深褐色。冬芽卵圆形，红褐色，无毛。叶质地厚，披针状卵形或窄椭圆形，叶面深绿色，有光泽，除中脉凹陷处有疏柔毛外，余无毛；叶缘有钝而整齐的单锯齿，稀重锯齿；侧脉每边10~15条，叶柄长26mm。花秋季开放，3~6数在叶脉簇生或排成簇状聚伞花序，花被上部杯状，下部管状，花被片4，深裂至杯状花被的基部或近基部，花梗极短。翅果椭圆形或卵状椭圆形，长10~13mm，宽6~8mm，果翅稍厚，基部的柄长约2mm。果核部分位于翅果的中上部，上端接近缺口；果梗长1~3mm，有疏生短毛。花果期8~10月。

性喜光，耐干旱；在酸性、中性及碱性土上均能生长。但以气候温暖，土壤肥沃、排水良好的中性土壤生长最好。对有毒气体烟尘抗性较强。

广泛分布于华北、华中及华南。

榔榆树形优美，姿态潇洒，枝叶细密，小枝婉垂，树皮斑驳雅致；秋日叶色变红，是良好的观赏树及工厂绿化、四旁绿化树种；常孤植成景。适宜种植于池畔、亭榭附近，也可配于山石之间。萌芽力强，为制作盆景的好材料。

榔榆盆景

榔榆树皮

榔榆枝叶

北京植物园榔榆大树

榔榆造型

040 垂榆 *Ulmus pumila* cv. Tenue

榆科 榆属 榆树变种

花合欲暮春辞去，小枝柔垂如绿伞。

落叶小乔木，树高一般为3~4 m。树干上部的主干不明显，分枝较多，细长，均婉垂，树冠伞形。树皮灰白色，较光滑；幼树树皮平滑，冬芽近球形或卵圆形，芽鳞背面无毛。叶片椭圆状卵形、长卵形、椭圆状披针形或卵状披针形，叶面平滑无毛，叶背幼时有短柔毛。花先叶开放，翅果近圆形，稀倒卵状圆形。果核部分位于翅果的中部，裂片边缘有毛，果梗较花被稍短。花果期3~6月。

垂榆抗寒性强，对于城市环境具有较强的适应性，所以在城市绿化中具有重要作用。

内蒙古、河南、山东、河北、辽宁及北京等地广泛引种栽培。

垂榆树干上部的分枝较多，小枝细长、婉垂，树冠伞形，颇具观赏价值。可广泛应用于园林风景树、行道树。

垂美

冬态更潇洒

大叶垂榆

黑龙江省植物园垂榆景观

金叶垂榆景观

041 榉树 榆科 榉属

Zelkova serrata

珍稀植物丝榔木，谐音榉举令人慕。
秋来红叶映满山，身正质坚形楚楚。

青岛中山公园榉树行道树景观

榉树秋叶

榉树树皮

落叶乔木，高达30m，胸径达1m。树皮灰白色或褐灰色，呈不规则的片状剥落。当年生枝紫褐色或棕褐色，疏被短柔毛，后渐脱落。叶薄纸质至厚纸质，形状、大小变异很大。雄花具极短的梗，径约3mm，花被裂至中部，花被裂片6~7；雌花近无梗，径约1.5mm，花被片4~5。花期4月，果期10月。

阳性树种，喜光，喜温暖环境。耐烟尘及有害气体。适生于深厚、肥沃、湿润的土壤；对土壤的适应性强，酸性、中性、碱性土及轻度盐碱土均可生长深根性。侧根广展，抗风力强。忌积水，不耐干旱和贫瘠。生长慢，寿命长。

分布于甘肃、陕西、湖北西南部、湖南、四川、云南、贵州、山东、安徽、台湾、辽宁南部、江苏等地。

榉树树姿端庄，高大雄伟，秋叶变成褐红色，是观赏秋叶的优良树种。可孤植、丛植公园和广场的草坪、建筑物旁作庭荫树；可与常绿树种混植作风景林；可列植人行道、公路旁作行道树，降噪防尘。

青岛中山公园电视台大榉树景观

042 朴树 *Celtis sinensis*

榆科 朴属

别称：翼朴

山前古木不知年，婆娑黛色上参天。

待余六月携床至，卧听南风鸣海涛。

——明·张羽《古朴树歌》

落叶乔木，高达20m。树皮平滑，灰色。一年生枝被密毛。叶互生，革质，宽卵形至狭卵形，长3~10cm，宽1.5~4cm。花杂性（两性花和单性花同株），1~3朵生于当年枝的叶腋。核果单生或2个并生，近球形，熟时红褐色，果核有穴和突肋。花期4~5月，果期9~11月。

喜光，稍耐阴；耐寒。适温暖湿润气候，适生于肥沃平坦之地。对土壤要求不严，有一定耐干旱能力，亦耐水湿及瘠薄土壤，适应力较强。

分布于中国山东、河南、江苏、安徽、浙江、福建、江西、湖南、湖北、四川、贵州、广西、广东、台湾等地。

朴树树冠圆满宽广，树荫浓密繁茂，适合公园、庭园、街道、公路等作庭荫树。朴树具有极强的适应性，寿命长，整体形态古雅别致，是人们所喜爱的行道树种，栽植于草坪、旷地或街道两旁。

朴树果枝

朴树叶

上海延西公园朴树秋色

青岛中山公园朴树冬日秀影

青岛中山公园朴树夏景

043 小叶朴 *Celtis bungeana*

榆科 朴属

别称：黑弹树

绿叶纷披迎风舞，雄伟壮观赢九州。

三都河小叶朴雾凇景观

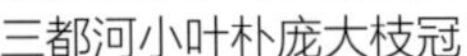

三都河小叶朴庞大枝冠

小叶朴果实初色

落叶大乔木，树高达20m。树皮淡灰平滑，冬芽褐色，卵形；小枝褐色，光洁无毛。叶卵形、斜卵形或卵状披针形。核果球形，直径8~10mm，单生于叶腋，初为淡红色，后变紫黑色；果柄长约1.5cm；果核平滑，稀有不明显网纹。

喜光，稍耐阴；耐寒。喜深厚、湿润的中性黏质土壤。

分布于辽宁南部和西部、河北、山东、山西、内蒙古、甘肃、宁夏、青海（循化）、陕西、河南、安徽、江苏、浙江、湖南、江西（庐山）、湖北、四川、云南东南部、西藏东部。

多生于路旁、山坡、灌丛或林边，海拔150~2300m。

该树叶大、质厚、色浓绿，树形端正，树冠整齐，遮荫好，群众喜植。尤其具有很强的抗有毒气体能力，耐粉尘和烟尘，是名副其实的"城市清道夫"，可作工矿区行道树和学校、医院、居民区园林绿化树种。

山东莱西市三都河村千年小叶朴

044 青檀

***Pteroceltis tatarinowii* Maxim.**

榆科 青檀属

别称：翼朴

立根岩穴定青山，石缝求生不畏难。

落叶乔木，高达20m，胸径达70cm或1m以上。树皮灰色或深灰色，不规则的长片状剥落。小枝黄绿色，干时变栗褐色，疏被短柔毛，后渐脱落。叶纸质，宽卵形至长卵形，长3~10cm，宽2~5cm，先端渐尖至尾状渐尖，基部不对称，楔形、圆形或截形，边缘有不整齐的锯齿，基部3出脉，叶柄长5~15mm，被短柔毛。翅果状坚果近圆形或近四方形，直径10~17mm，黄绿色或黄褐色，翅宽，稍带木质。果梗纤细，长1~2cm，被短柔毛。花期3~5月，果期8~10月。

喜光；特耐土壤干旱、瘠薄；耐寒，－35℃无冻梢。适应性极强，喜生于石灰岩山地，耐盐碱，亦能在花岗岩、砂岩地区生长。根系发达，常在岩石隙缝间盘旋伸展。

分布于辽宁（大连蛇岛）、河北、山西、陕西、甘肃南部、青海东南部、山东、江苏、安徽、浙江、江西、福建、河南、湖北、湖南、广东、广西、四川和贵州。稀有种，为中国特有。

青檀是珍贵稀少的乡土树种，树形美观，树冠球；千年古树蟠龙穹枝，形态各异；秋叶金黄，季相分明，极具观赏价值。是石灰质山区极难得的绿化树种。

母子青檀景观

流连忘返

山东枣庄市青檀寺青檀树

咬住墙头不放松

045 榕树 桑科 榕属

Ficus microcarpa

古木弯枝云里钻，浓荫蔽日三亩半。

历经多少沧桑事，依旧悠悠头顶天。

福州市西山禅寺古榕

福州市罗星塔古榕

落叶大乔木，高达50m，胸径达1m，冠幅广展。老树常有锈褐色气根。树皮深灰色。叶薄革质，狭椭圆形，表面深绿色，有光泽，全缘。花间有少许短刚毛；花被片3，广卵形，花柱近侧生，柱头短，棒形。瘦果卵圆形。榕果成对腋生或生于已落叶枝叶腋，成熟时黄或微红色，扁球形，基生苞片3，广卵形，宿存。雄花、雌花、瘿花同生于一榕果内。花期5~6月。

喜光。不耐寒，长江以北冻害严重，不能露地生存。对土壤要求不严，在微酸和微碱性土中均能生长。不耐干旱，较耐水湿，短时间水涝不会烂根。在潮湿的空气中能长出大量气生根，使观赏价值大大提高。

广泛分布于我国长江以南各地，以华南地区生长最好。

榕树树冠上垂挂下来的众多气生根能为园林环境营造出热带雨林的自然景观。大型盆栽植株通过造型可装饰厅、堂、馆、舍，也可在小型古典式园林中摆放。福州国家森林公园里有株“千年古榕”，其树冠遮天蔽日，盖地十多亩，为福州十大古榕之首，故称“榕树王”。该树距今已有900多年的历史，树围9余米，高50余米，冠幅1330多平方米，可谓“榕荫遮半天”。因其位于湖边，烈日下，波光倒影，映出古榕枝繁叶茂、苍劲挺拔的英姿，煞是壮观。

福州市森林公园“榕树王”

福州市西湖公园古榕气生根景观

046 黄葛树

Ficus virens var. *sublanceolata*

桑科 榕属 绿黄葛树变种

树形怪异板根奇，蜿蜒交错古韵稀。

落叶大乔木，树高15~20m，胸围达3~5m。板状根延伸可达十米外。叶互生；叶柄长2.5~5cm；托叶广卵形，急尖，长5~10cm；叶片纸质，长椭圆形或近披针形，长8~16cm，宽4~7cm，先端短渐尖，基部钝或圆开，全缘，基出脉3条，侧脉7~10对，网脉稍明显。果生于叶腋，球形，黄色或紫红色。花期5~8月，果期8~11月。

阳性树种，喜温暖湿润气候，耐旱而不耐寒，耐寒性比榕树稍强。抗风，抗大气污染，耐瘠薄，对土质要求不严；生长迅速，萌发力强，易栽植。

中国西南部常见树种，多见于重庆、广东、海南、广西、陕西、湖北、四川、贵州、云南等省份。在四川（沿长江城镇）多见于江边的道旁，为良好的遮荫树。

树形奇特，悬根裸露，蜿蜒交错；枝杈密集，大枝横伸，小枝虬曲，颇具野趣。寿命长，古树繁多，尽显苍劲神韵。新叶展放后鲜红色的托叶纷纷落地，甚为美观。园林常应用于风景树栽植于公园湖畔、草坪、河岸边、风景区等处。

佛经里黄葛树被称为神圣的菩提树，旧时在中国西南一带有这样的风俗习惯，黄葛树只能在寺庙、公共场合才能种植，家庭很少种植。

黄葛树板状根

重庆市大会堂广场黄葛树景观

四川省乐山东方佛都黄葛树

047 印度菩提树 桑科 榕属

Ficus religiosa

佛祖树下得道，昭示世人开悟。

广州市六榕寺菩提树景观

常绿大乔木，幼时附生于其他树上，高15~25m，胸径30~50cm，冠幅广展。树皮灰色，平滑或微具纵纹。小枝灰褐色，幼时被微柔毛。叶革质，三角状卵形，长9~17cm。总花梗长约4~9mm；雄花、瘿花和雌花生于同一榕果内壁；雄花少，生于近口部，无柄，花被2~3裂，内卷；雄蕊1枚，花丝短；瘿花具柄，花被3~4裂；雌花无柄，花被片4，宽披针形，子房光滑，球形。花期3~4月，果期5~6月。

性喜光，喜高温高湿气候，25℃时生长迅速，越冬时气温要求在12℃左右，不耐霜冻；抗污染能力强；对土壤要求不严，但以肥沃、疏松的微酸性砂壤土为好。

菩提树幼林在热带地区（水分充足的地区）生长迅速。中国分布于广东（沿海岛屿）、广西、云南等地。

印度菩提树分枝扩展、树形高大，枝繁叶茂，优雅壮观，是优良的风景观赏树种，宜作庭园观赏树及行道树。菩提树对二氧化硫、氯气抗性中等，对氢氟酸抗性强，宜作工矿污染区的绿化树种。

“菩提”一词是梵文Bodhi的音译，意思是觉悟、智慧，指人忽如睡醒，豁然开悟，突入彻悟途径，顿悟真理，达到超凡脱俗的境界。相传佛教创始人释迦牟尼就是在此树下修炼悟道，豁然开朗，因此这种树被命名为菩提树。

菩提树枝叶

缠绕佛像的菩提树根

菩提树树干气生根

048 毛白杨 *Populus tomentosa*

杨柳科 杨属

树姿雄伟冠形美，黄河流域称树王。

落叶乔木，高达30m。树皮幼时暗灰色，壮时灰绿色，渐变为灰白色；皮孔菱形散生，或2~4连生。树冠圆锥形至卵圆形或圆形。侧枝开展，雄株斜上，老树枝下垂，芽卵形。长枝叶阔卵形或三角状卵形；短枝叶通常较小，长7~11cm。雄花序长10~14(~20)cm，雄花苞片约具10个尖头，密生长毛，雄蕊6~12，花药红色；雌花序长4~7cm，苞片褐色，尖裂，沿边缘有长毛；子房长椭圆形，柱头2裂，粉红色。果序长达14cm；蒴果圆锥形或长卵形，2瓣裂。花期3月，果期4~5月。

性喜光；耐旱力较强；对土壤适应性强，黏土、壤土、砂壤土或低湿轻度盐碱土均能生长。在水肥条件充足的地方生长最快，20年生即可成材，是中国速生树种之一。

广泛分布于辽宁以南的河北、山东、山西、陕西、甘肃、河南、安徽、江苏、浙江等省份。以黄河流域中、下游为中心分布区。

毛白杨树姿雄壮，冠形优美，为当地群众所喜欢栽植的优良庭园绿化或行道树，也为华北地区首选速生用材林造林树种，可大力推广。

山西太原晋祠毛白杨景观

毛白杨树冠

山东冠县宾馆毛白杨

毛白杨雌花序

049 槲树 壳斗科 栎属

Quercus dentata

壳斗坚果富野趣，秋叶橙黄冬不落。

槲树秋姿

落叶乔木，高达25m。树皮暗灰褐色，深纵裂。小枝粗壮，有沟槽，密被灰黄色星状绒毛。芽宽卵形，密被黄褐色绒毛。叶片倒卵形或长倒卵形，长10~30cm，宽6~20cm；叶柄长2~5mm，密被棕色绒毛。雄花序生于新枝叶腋，长4~10cm，花序轴密被淡褐色绒毛，花数朵簇生于花序轴上；花被7~8裂，雄蕊通常8~10个；雌花序生于新枝上部叶腋，长1~3cm。壳斗杯形，包着坚果1/2~1/3，连小苞片直径2~5cm，高0.2~2cm。花期4~5月，果期9~10月。

强阳性树种；耐干旱、瘠薄；适宜生长于排水良好的砂质壤土，在石灰性土、盐碱地及低湿涝洼处生长不良。

槲树主产于中国北部地区，以河南、河北、山东、云南、山西等省山地多见；辽宁、陕西、湖南、四川等省也有少量分布。河南省襄城县境内紫云山上分布的槲树林是目前保存最好的槲树林之一。

槲树树干挺直；叶片宽大，树冠广展，寿命较长；叶片入秋呈橙黄色且经久不落。可孤植、片植或与其他树种混植，季相色彩极其丰富。

槲树

秋色

槲树果实

050 白桦 *Betula platyphylla*

桦木科 桦木属

洁白身躯伟岸挺拔，银装素裹分外潇洒。

落叶乔木，高可达27m。树皮灰白色，可成层剥裂。枝条暗灰色或暗褐色，无毛。叶厚纸质，三角状卵形、三角状菱形、三角形；长3~9cm，宽2~7.5cm，顶端锐尖；叶柄细瘦，长1~2.5cm，无毛。果序单生，圆柱形或矩圆状圆柱形，通常下垂，长2~5cm，直径6~14mm；序梗细瘦，长1~2.5cm，密被短柔毛，成熟后近无毛。果苞长5~7mm，背面密被短柔毛，至成熟时毛渐脱落。小坚果狭矩圆形、矩圆形或卵形，长1.5~3mm，宽约1~1.5mm，背面疏被短柔毛，膜质翅较果长1/3。

喜光，不耐阴，极耐严寒。对土壤适应性强，喜酸性土，沼泽地、干燥阳坡及湿润阴坡都能生长。深根性、耐瘠薄。

产于中国东北、华北、河南、陕西、宁夏、甘肃、青海、四川、云南、西藏东南部。白桦树是俄罗斯的国树，是这个国家民族精神的象征。

白桦枝叶扶疏，姿态优美，尤其是树干修直，洁白雅致，十分引人注目。孤植、丛植于庭园、公园之草坪、池畔、湖滨或列植于道旁均美观。若在山地或丘陵坡地成片栽植，可组成美丽的风景林。

北京喇叭沟白桦树

坝上白桦林

黑龙江植物园白桦林

白桦枝叶

白桦树皮

051 叶子花

Bougainvillea spectabilis

紫茉莉科 叶子花属

别称：三角花、毛宝巾

美比牡丹艳若霓，天胜桃花灿似霞。

蜿蜒虬曲干生刺，婀娜嫣红叶为花。

常绿攀援灌木。枝、叶密生柔毛。有枝刺，腋生，下弯。叶片椭圆形或卵形，基部圆形。花序腋生或顶生；苞片椭圆状卵形，基部圆形至心形，长2~6.5cm，宽1.5~4cm，暗红色或淡紫红色；花被管狭筒形，长1.6~2.4cm，绿色，密被柔毛，顶端5~6裂，裂片开展，黄色，长3.5~5mm。雄蕊通常8；子房具柄。果实长1~1.5cm，密生毛。叶子花的观赏部位是苞片，其形状似叶，花于苞片中间，故称之“叶子花”。花期冬春间。

喜温暖、湿润的气候和阳光充足的环境。不耐寒；耐瘠薄、干旱；耐盐碱；耐修剪，生长势强。喜水但忌积水。对土壤要求不严，但在肥沃、疏松、排水好的砂质壤土能旺盛生长。

叶子花原产于南美洲的巴西，大约在19世纪30年代才传到欧洲栽培。中国除南方地区可露地栽培越冬外，其他地区都需温室栽培。

叶子花花形奇特，色彩艳丽，多彩缤纷，格外鲜艳夺目。特别是冬季室内当艳红、姹紫的苞片开放时，大放异彩，深受人们欢迎。中国南方常用于庭园绿化，作花篱、棚架植物及花坛、花带的配置，均有其独特的风姿。用于切花造型有其独特的魅力。

白色叶子花景观

紫色叶子花景观

济南趵突泉花展叶子花景观

深圳植物园叶子花花坛景观

龙腾虎跃

052 牡丹 *Paeonia suffruticosa* Andr. 芍药科 芍药属

庭前芍药妖无格，池上芙蕖净少情。
唯有牡丹真国色，花开时节动京城。

——唐 · 刘禹锡《赏牡丹》

多年生落叶灌木，茎高达2m。分枝短而粗。通常为二回三出复叶，偶尔近枝顶的叶为3小叶；顶生小叶宽卵形，表面绿色，无毛，背面淡绿色，有时具白粉，侧生小叶狭卵形或长圆状卵形，叶柄长5~11cm。花单生枝顶，苞片5，长椭圆形；萼片5，绿色，宽卵形，花瓣5或为重瓣，玫瑰色、红紫色、粉红色至白色，通常变异很大；花药长圆形，长4mm；花盘革质，杯状，紫红色；心皮5，稀更多，密生柔毛。蓇葖长圆形，密生黄褐色硬毛。花期5月，果期6月。

性喜温暖、凉爽环境；喜阳光，也耐半阴；较耐寒；耐干旱；耐弱碱；忌积水；适宜在疏松、深厚、肥沃、地势高燥、排水良好的中性砂壤土中生长。酸性或黏重土壤中生长不良。

中国牡丹资源特别丰富，分布于河南、山东、福建、浙江、上海、河北、内蒙古、北京、天津等地，其中以河南洛阳及山东菏泽最为有名。

牡丹色、姿、香、韵俱佳，花大色艳，花姿绰约，韵压群芳，其观赏价值甚高。

黑牡丹

绿牡丹

红牡丹

山东曹州牡丹园

白牡丹

053 山茶花

山茶科 山茶属

Camellia japonica L.

东园一日秋风起，桃李飘零扫地空。
惟有山茶能耐久，绿丛又放数枝红。

青岛市山茶花景观

落叶灌木或小乔木，高9m。嫩枝无毛。叶革质，椭圆形，长5~10cm，宽2.5~5cm，先端略尖，或急短尖而有钝尖头，基部阔楔形，上面深绿色；侧脉7~8对；叶缘有细锯齿。叶柄长8~15mm，无毛。花顶生，红色，无柄；苞片及萼片约10片，组成长约2.5~3cm 的杯状苞被，半圆形至圆形，长4~20mm，外面有绢毛，脱落；花瓣6~7片，外侧2片近圆形，几离生；雌蕊花柱长2.cm，先端3裂。蒴果圆球形，直径2.5~3cm，2~3室，每室有种子1~2个。花期1~4月。

惧风喜阳；喜地势高爽、空气流通、温暖湿润、排水良好、疏松肥沃的砂质壤土、黄土或腐殖土；pH5.5~6.5最佳。适温在20~32℃。

原产于中国东部。在长江流域、珠江流域、重庆、云南和四川、台湾等地均有栽培。日本、印度等地也有栽培。

山茶花树姿优美，叶色浓绿而光亮，花色艳丽缤纷，位居中国“十大名花”第八名。

山茶花花丛

山茶花花型

山茶花花型

054 蒙椴 *Tilia mongolica*

椴树科 椴树属

落叶乔木，高10m。树皮淡灰色，有不规则薄片状脱落。嫩枝无毛，顶芽卵形，无毛。叶阔卵形或圆形，长4~6cm，宽3.5~5.5cm，先端渐尖，常出现3裂，基部微心形或斜截形；上面无毛，下面仅脉腋内有毛丛，侧脉4~5对；边缘有粗锯齿，齿尖突出；叶柄长2~3.5cm，无毛，纤细。聚伞花序长5~8cm，有花6~12朵，花序柄无毛；花瓣长6~7mm；退化雄蕊花瓣状，稍窄小；雄蕊与萼片等长；子房有毛，花柱秃净。果实倒卵形，长6~8mm，被毛，有棱或不明显。花期7月。

性喜光，耐寒，喜凉润气候，喜生于潮湿山地或干湿适中的平原。深根性，生长速度中等。

产于内蒙古、河北、河南、山西及江宁西部。

蒙椴秋叶亮黄色，宜在公园、庭园及风景区栽植作风景树。在夏绿阔叶林的桦、杨林或山地杂木林中为主要伴生树种，局部地段可成为优势种，形成小片椴树林。

北京植物园蒙椴盛花景观

蒙椴花序

一日秋风起

蒙椴果序

蒙椴花型

055 梧桐 梧桐科 梧桐属

Firmiana platanifolia

树形扶疏秋叶黄，梧桐树上落凤凰。

济南趵突泉公园梧桐景观

落叶乔木，树高达15m。嫩枝和叶柄多少有黄褐色短柔毛，枝内白色中髓有淡黄色薄片横隔。叶片宽卵形、卵形、三角状卵形或卵状椭圆形，顶端渐尖，基部截形或宽楔形，很少近心形；全缘或有波状齿；两面疏生短柔毛或近无毛。伞房状聚伞花序顶生或腋生夏季开花，雌雄同株，花小，淡黄绿色，圆锥花序顶生，盛开时显得鲜艳而明亮；花萼紫红色，5裂几达基部；花冠白色或带粉红色；花柱不超出雄蕊。核果近球形，成熟时蓝紫色。

性喜光，喜温暖湿润气候，耐寒性不强；喜肥沃、湿润、深厚而排水良好的土壤，在酸性、中性及钙质土上均能生长，但不宜在积水洼地或盐碱地栽种。积水易烂根，受涝五天即可致死。通常在平原、丘陵及山沟生长较好。

原产于中国和日本。华北至华南、西南广泛栽培，尤以长江流域为多。

梧桐为优良的行道树及庭园绿化观赏树，点缀于庭园、宅前；也常种植作行道树。叶掌状，裂缺如花。梧桐有青桐、碧梧、青玉、庭梧之美称，是我国有诗文记载的最早的著名树种之一，素有梧桐树上引凤凰的美丽传说。

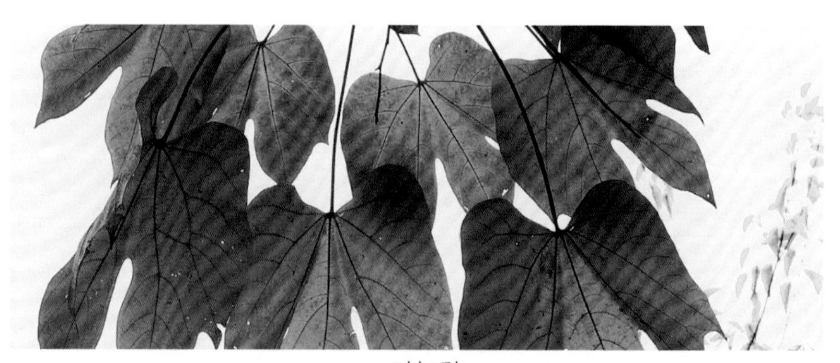

一叶知秋

泰山脚下梧桐树秋色

神奇的果序

怪奇的花型

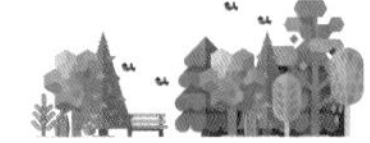

056 木棉 *Bombax malabaricum*

木棉科 木棉属

奇花烂熳半天中，天上云霞相映红。
自是月宫丹桂种，嫦娥移植海门东。

——明·王邦畿《咏木棉花》

落叶大乔木，高可达25m。树皮灰白色，幼树的树干通常有圆锥状的粗刺。分枝平展。掌状复叶，小叶5~7片，长圆形至长圆状披针形，长10~16cm，宽3.5~5.5cm。花单生枝顶叶腋，通常红色，有时橙红色，直径约10cm；萼杯状，长2~3cm，外面无毛，内面密被淡黄色短绢毛。花瓣肉质，倒卵状长圆形，艳红色，长8~10cm，宽3~4cm，二面被星状柔毛，但内面较疏；雌花花柱长于雄蕊。花期3~4月。木棉树花落后长出长椭圆形的朔果，长10~15cm，粗4.5~5cm；蒴果夏季成熟后果荚开裂，果中的棉絮随风飘落。

喜温暖干燥和阳光充足环境。不耐寒，稍耐湿，忌积水。耐旱，抗污染、深根性，抗风力强；速生，萌芽力强。生长适温20~30℃，冬季温度不可低于5℃。以深厚、肥沃、排水良好的中性或微酸性砂质土壤为宜。

产于我国福建、广西、广东、海南、贵州、四川、云南等省区。

早春2月，正是木棉花开的日子，可陆续开出灿烂的花朵，远远望去，一树橙红，显得格外鲜艳夺目、生机盎然。

木棉行道树

木棉树景观

广州木棉树行道树景观

树木棉

木棉花型

057 柽柳 *Tamarix chinensis*

柽柳科 柽柳属

枝条细柔婆娑，岸植淡烟疏树。

北京植物园柽柳秋色

常绿灌木或小乔木，高3~6m。老枝直立，暗褐红色，光亮；幼枝稠密，细弱，常开展而下垂，红紫色或暗紫红色，有光泽。叶鲜绿色，长圆状披针形或长卵形，长1.5~1.8cm，稍开展，先端尖，基部背面有龙骨状隆起，常呈薄膜质。每年开花两三次，总状花序侧生在生木质化的小枝上，长3~6cm，宽5~7mm，花大而少，较稀疏而纤弱，下垂；雄蕊5，花药钝，花丝着生在花盘主裂片间；花柱棍棒状。花期4~9月。

喜光，不耐遮阴。耐高温和严寒；耐干又耐水湿。特耐盐碱，能在含盐量1%的重盐碱地上生长。耐修剪和刈割。生长较快，年生长量50~80cm，4~5年高达2.5~3.0m。

野生于辽宁、河北、河南、山东、江苏（北部）、安徽（北部）等省。

柽柳枝条细柔，姿态婆娑，开花如红蓼，颇为美观。在庭园中可作绿篱用，适于在水滨、池畔、桥头、河岸、堤防植之。街道公路之沿河流者，其列树如以柽柳植之，则淡烟疏树，绿荫垂条，别具风格。

红花柽柳

柽柳枝叶

泰山脚下柽柳树

058 钻天杨 *Populus nigra* var. *italica*

杨柳科 杨属 黑杨栽培变种

高耸入云拔地起，刺破苍穹不张扬。

落叶乔木，高可达30m，树冠圆柱形。干皮暗灰褐色，小枝圆，光滑，黄褐色或淡黄褐色。芽长卵形。长枝叶扁三角形，通常宽大于长；短枝叶菱状三角形，或菱状卵圆形。蒴果先端尖，果柄细长。花期4~5月，果期6月。

钻天杨喜光，抗寒，抗旱，耐干旱气候，稍耐盐碱及水湿，但在低洼常积水处生长不良。

分布于中国长江、黄河流域，以我国西北较为常见。

该种树形圆柱状，丛植于草地或列植堤岸、路边，有高耸挺拔之感，在北方园林常见；也常作行道树、防护林用。

钻天杨防护林

针阔混交行道树

钻天杨行道树

北京郊外的钻天杨秋色

钻天入云

059 新疆杨

杨柳科 杨属

***Populus alba* var. *pyramidalis* Bge.**

抗旱耐沙英雄树，决战西北美名扬。

落叶乔木，高达30m，胸径达50cm。窄冠、圆柱形或尖塔形，树皮灰白或青灰色，光滑少裂，基部浅裂。芽、幼枝密被白色绒毛。萌条和长枝叶掌状深裂，基部平截；短枝叶圆形，粗锯齿，侧齿几对称，基部平截。仅见雄株，雄花序长达5cm，穗轴有微毛；苞片膜质，红褐色。

性喜光，抗大气干旱，抗风，抗烟尘，抗柳毒蛾，较耐盐碱；但在未经改良的盐碱地、沼泽地、黏土地、戈壁滩等均生长不良。抗寒性较差，北疆地区在树干基部西南方向常发生冻裂，在年度极端最低气温达－30℃以下时，苗木冻梢严重。

新疆杨分布于我国华北及西北，以新疆较为多见。

新疆杨生长快，树形挺拔，干形端直，窄冠，适于密植，单位面积产材量和出材率高。木材文理通直，结构细致，可供建筑、家具、造纸等用；落叶可喂牛、羊，是南疆农区牧业冬季重要饲料。为农田防护林、速生丰产林、防风固沙林和四旁绿化的优良树种。

通向沙漠之路

中年新疆杨

新疆杨树皮景观

甘肃省民勤县沙生植物园外景

新疆杨远景

060 苏铁 *Cycas revoluta*

苏铁科 苏铁属

挺干龙鳞一丈高，碧绿凤羽千丝条。
风雨苍翠千年过，岁月峥嵘未见老。

常绿棕榈状木本植物，茎高1~8m。茎干圆柱状，不分枝。茎部宿存于的叶基和叶痕，呈鳞片状。叶从茎顶部长出，1回羽状复叶，长0.5~2m，厚革质而坚硬。雌雄异株，雄球花圆柱形，小孢子叶木质，密被黄褐色绒毛，背面着生多数药囊；雌球花扁球形，大孢子叶宽卵形，上部羽状分裂，其下方两侧着生有2~4个裸露的直生胚珠。种子大，卵形，稍扁，熟时红褐色或橘红色。6~8月开花，种子12月成熟。

喜光，稍耐半阴。喜温暖，不耐寒，喜肥沃湿润和微酸性的土壤，但也能耐干旱。生长缓慢，一般15~20年以上的植株可开花。只要温度等条件适宜，成龄铁树年年都可以开花。

主产于福建、台湾、广东，各地均有栽培。江苏、浙江及华北各省区多栽于盆中，冬季置于温室越冬。

苏铁树形优美，苍劲质朴，大型而美丽的叶四季浓绿顶生，具独特之观赏效果。

江边苏铁行道树

苏铁雄花

农家千年苏铁

苏铁雌花及种子

061 胡杨 *Populus euphratica*

杨柳科 杨属

大漠孤烟直，胡杨千里黄。

落叶乔木或灌木，高达25m，树冠球形。树皮厚，纵裂。成年树小枝泥黄色，有短绒毛或无毛，枝内富含盐分，有咸味。芽椭圆形，光滑，褐色，长约7mm。长枝和幼苗、幼树上的叶线状披针形或狭披针形，全缘或不规则的疏波状齿牙缘；叶形多变，卵圆形、卵圆状披针形、三角伏卵圆形或肾形。雌雄异株，雄花序鲜红或淡黄绿色。蒴果长卵圆形，长10~12mm，2~3瓣裂，无毛。胡杨老树在土壤干旱危及生命时，树冠上部枝梢便自动脱落，以保证下部茎干能继续生长，所以沙漠胡杨树千姿百态，极具观赏价值。花期5月，果期7~8月。

性喜光，耐热，耐大气干旱，抗盐碱，抗风沙。在地下水位跌到6~9m后，胡杨就显得萎靡不振了；地下水位再低下去，胡杨就会死亡。

产于内蒙古西部、新疆、甘肃、青海等地。

在新疆塔里木河流域，胡杨树被人称为"英雄树"，有"生而一千年不死，死而一千年不倒，倒而一千年不朽"的说法。胡杨是随青藏高原隆起而出现的古老树种，中国塔里木盆地分布着世界最大的胡杨原始森林。胡杨林每年秋季一片金黄世界，吸引来自世界各地的游人前来猎奇，令人无不感到震撼！

胡杨树冬韵

胡杨之殇

胡杨林前沿阵地

金光大道

额济纳黑城遗迹

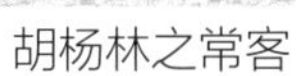

胡杨林之常客

千年胡杨王

内蒙古额济纳胡杨林景观

老当益壮

胡杨林深处

062 绦柳

Salix matsudana* f. *pendula.

杨柳科 柳属 旱柳变种

茅屋柴门对小溪，绕村春暖柳条齐。

顽童奔走向人告，村边声声布谷啼。

落叶大乔木，树高达25m，径粗达60cm。光滑柔软的枝条状若丝绦，纷披下垂，故名绦柳。绦柳与垂柳极相似（其区别为本变型的雌花有2腺体，而垂柳只有1腺体；绦柳垂枝长度多为0.5~1m，垂柳垂枝长度在2m左右），应注意区别。树皮组织厚，纵裂，老龄树干中心多朽腐而中空。冬芽线形，密着于枝条。叶互生，线状披针形，长7~15cm，宽6~12mm，两端尖削，边缘具有腺状小锯齿。花开于叶后，雄花序为葇荑花序，有短梗，略弯曲，长1~1.5cm。果实为蒴果，成熟后2瓣裂，内藏种子多枚，种子上具有一丛绵毛。

性喜光，耐寒，耐水湿又耐干旱。对土壤要求不严，干瘠砂地、低湿沙滩和弱盐碱地上均能生长。

主产于东北、华北、西北、上海等地。多栽培为绿化树种。

柳枝细长，柔软下垂，颇为美观，可广泛应用于园林行道树、庭荫树及水岸防护林带。绦柳对空气污染、二氧化硫及尘埃的抵抗力强，适合于都市工矿区及庭园中生长。

黑龙江省牡丹江江畔绦柳景观

绦柳树冠枝条垂而不长

绦柳枝条短垂景观

北京植物园绦柳景观

青岛市中山公园绦柳

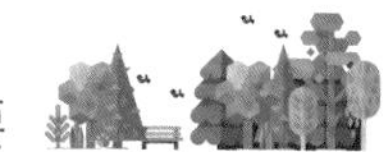

063 香茶藨子 *Ribes odoratum*

茶藨子科 茶藨子属

花色艳丽扑鼻香，硕果累累夺人目。

落叶灌木，高可达2m。小枝圆柱形，灰褐色。叶圆状肾形至倒卵形。花两性，具有香味，常下垂。果实球形或宽椭圆形。花期5月，果期7~8月。

性喜光而较耐阴，应栽植于光照处。在散光处也可正常生长，但在大树下及建筑物背阴处生长不良。耐寒力强，在中国东北、华北及西北地区冬季不需采取防护措施，即可安全越冬。喜湿润土壤，有一定耐旱能力；不耐积水。对土壤要求不严，在排水良好的肥沃砂质壤土中生长最好。有一定的耐盐碱力，在pH值8.7、含盐量0.15%的轻度盐碱土中能正常生长。

原产于北美洲。中国辽宁（沈阳、大连、熊岳）、黑龙江（哈尔滨）、北京等地公园及植物园中均有栽植。

香茶藨子花朵繁密，花色鲜艳，花时香气四溢，且果实金黄，是花果兼赏的花灌木。在中国园林常见于草坪、林缘、坡地、角隅、岩石旁。

香茶藨子花枝

香茶藨子花形

香茶藨子枝叶

山东农业大学校园香茶藨子景观

香茶藨子果实

064 杜鹃花

Rhododendron simsii

杜鹃花科 杜鹃属

别称：映山红

陌上濛濛细雨飞，杜鹃花里子规啼；
年年思乡不能归，他乡游子泪沾衣。

山东省五莲县九仙山杜鹃花

池岸杜鹃花

杜鹃花枝叶

青岛崂山杜鹃花

杜鹃花侧面景观

常绿或半常绿灌木，高达2~3m。分枝多而纤细，密被亮棕褐色扁平糙伏毛。叶革质，常集生枝端，卵形、椭圆状卵形。花芽卵球形，鳞片外面中部以上被糙伏毛，边缘具睫毛。花2~3（~6）朵簇生枝顶；花梗长8mm，密被亮棕褐色糙伏毛；花萼5深裂，裂片三角状长卵形，长5mm，被糙伏毛，边缘具睫毛；花冠阔漏斗形，玫瑰色、鲜红色或暗红色；雄蕊10，长约与花冠相等，花丝线状，中部以下被微柔毛；子房卵球形，10室，密被亮棕褐色糙伏毛，花柱伸出花冠外，无毛。蒴果卵球形，长达1cm，密被糙伏毛；花萼宿存。花期4~5月，果期6~8月。

性喜凉爽、湿润、通风的半阴环境，既怕酷热又怕严寒；生长适温为12~25℃。

杜鹃花花繁叶茂，绮丽多姿，萌发力强，耐修剪，根桩奇特，是优良的花篱及盆景材料。中国江西、安徽、贵州以杜鹃花为省花。1985年5月杜鹃花被评为中国十大名花之六。

065 迎红杜鹃 *Rhododendron mucronulatum*

杜鹃花科 杜鹃属

灿似彩霞望不尽，漫山杜鹃别样红。

落叶灌木，高1~2m。分枝多。幼枝细长，疏生鳞片。叶片质薄，椭圆形或椭圆状披针形，长3~7cm，宽1~3.5cm。花序腋生枝顶或假顶生，1~3花，先叶开放，伞形着生；花芽鳞宿存；花梗长5~10mm，疏生鳞片；花萼长0.5~1mm，5裂，被鳞片，无毛或疏生刚毛；花冠宽漏斗状，长2.3~2.8cm，径3~4cm，淡红紫色，外面被短柔毛，无鳞片；雄蕊10，不等长，稍短于花冠，花丝下部被短柔毛；雌蕊子房5室，密被鳞片，花柱光滑，长于花冠。蒴果长圆形，长1~1.5cm，径4~5mm，先端5瓣开裂。花期4~6月，果期5~7月。

喜酸性土壤，在钙质土中生长不好，甚至不生长。因此土壤学家常常把杜鹃作为酸性土壤的指示作物。性喜凉爽、湿润、通风的半阴环境，既怕酷热又怕严寒，生长适温为12~25℃，夏季气温超过35℃，则新梢、新叶生长缓慢，处于半休眠状态。

分布于中国内蒙古（北达满洲里）、辽宁、河北、山东、江苏北部。

园林中最宜在林缘、溪边、池畔及岩石旁成丛成片栽植，也可于疏林下散植，是园林花篱的良好材料，可经修剪培育成各种景观。

花开烂漫

迎红杜鹃花丛

迎红杜鹃花形

北京植物园迎红杜鹃景观

066 秤锤树 *Sinojackia xylocarpa*

安息香科 秤锤树属

春来花白可欺雪，入秋果实如秤锤。

秤锤树植株

落叶小乔木，高达7m，胸径达20cm。嫩枝密被星状短柔毛，灰褐色；老枝红褐色，无毛，表皮常呈纤维状脱落。叶纸质，倒卵形或椭圆形，长3~9cm，宽2~5cm，顶端急尖，基部楔形或近圆形，边缘具硬质锯齿。叶柄长约5mm。总状聚伞花序生于侧枝顶端，有花3~5朵；花梗柔弱而下垂。果实卵形，连喙长2~2.5cm，宽1~1.3cm，红褐色。花期3~4月，果期7~9月。

抗寒性强，能忍受－16℃的短暂极端低温。喜光，幼苗、幼树不耐庇荫。喜生于深厚、肥沃、湿润、排水良好的土壤，不耐干旱瘠薄。

原产于南京市鼓楼区幕府山及句容市宝华山，是江苏南京特有植物。我国北方各大城市多有引进栽培。

秤锤树枝叶浓密，色泽苍翠，初夏盛开白色小花，洁白可爱；秋季叶落后宿存的悬挂果实，宛如秤锤一样，颇具野趣。园林中可群植于山坡，与湖石或常绿树配植，尤为适宜；也可盆栽制作盆景观赏。

北京植物园秤锤树果实景观

秤锤树花型

秤锤树垂丝花序

067 山梅花 *Philadelphus incanus*

虎耳草科 山梅花属

远见山间数片白，近看满坡山梅花。

落叶灌木，高1.5~3.5m。二年生小枝灰褐色，表皮呈片状脱落。叶卵形或阔卵形，长6~12.5cm，宽8~10cm，先端急尖，基部圆形，叶脉离基出3~5条；叶柄长5~10mm。总状花序有花5~7（~11）朵，花序轴长5~7cm，疏被长柔毛或无毛；花梗长5~10mm，上部密被白色长柔毛；花萼外面密被紧贴糙伏毛；萼筒钟形，裂片卵形，长约5mm，宽约3.5mm，先端骤渐尖；花冠盘状，直径2.5~3cm；花瓣白色，卵形或近圆形，基部急收狭，长13~15cm，宽8~13mm。花期5~6月，果期7~8月。

适应性强，喜光，喜温暖也耐寒、耐热。忌水涝。对土壤要求不严，生长速度较快。

产于山西、陕西、甘肃、河南、湖北、安徽和四川等地。多生于海拔1200~1700m的林缘灌丛中。欧美各地的一些植物园有引种栽培。

山梅花之花芳香、美丽，花开烂漫，花期较久，为优良的观赏花木，宜栽植于庭园、风景区，亦可作切花材料。

北京植物园山梅花景观

山梅花花丛

山梅花花枝

山梅花花序

山梅花枝叶

068 大花溲疏 　虎耳草科 溲疏属

Deutzia grandiflora

山坡野地竞芳，百花适时欣赏；

不问园主是谁，送来梦里幽香。

落叶灌木，高约2 m。树皮常灰褐色。小枝淡灰褐色。叶卵形至卵状椭圆形，长2~5 cm，顶端渐尖，基部圆形，具不整齐细密锯齿。表面稍粗糙，疏被星状毛；叶柄长2~3 mm。花1~3朵，生于侧枝顶端，白色，直径2.5~3.7cm；花萼被星状毛；花瓣在花蕾期镊合状排列。蒴果半球形，径4~5 mm，花柱宿存。花期4~5月，果期6~7月。

性喜光，稍耐阴；耐寒；耐旱；对土壤要求不严。

分布于中国辽宁、内蒙古、河北等省区。多见于山谷、道路岩缝及丘陵低山灌丛中。朝鲜亦产。

大花溲疏花大且开花早，颇美丽，宜作庭园观赏植物，也可用作山坡水土保护树种。

泰山大花溲疏植株景观

大花溲疏花丛

大花溲疏正面花形

大花溲疏侧面花形

069 圆锥八仙花 *Hydrangea paniculata*

虎耳草科 绣球属

一蒂八花排一圈，恰似八仙相聚来。

落叶灌木或小乔木，高1~5m，有时达9m，胸径达20cm。枝暗红褐色或灰褐色，初时被疏柔毛，后变无毛，具凹条纹和圆形浅色皮孔。叶纸质，2~3片对生或轮生，卵形或椭圆形，长5~14cm，宽2~6.5cm。圆锥状聚伞花序尖塔形，长达26cm，序轴及分枝密被短柔毛；不育花较多，白色；萼片4，阔椭圆形或近圆形；孕性花萼筒陀螺状，萼齿短三角形，长约1mm；花瓣白色，卵形或卵状披针形，长2.5~3mm，渐尖；雄蕊不等长，长的长达4.5mm；雌蕊子房半下位，花柱3，钻状，长约1mm；柱头小，头状。蒴果椭圆形，不连花柱长4~5.5mm，宽3~3.5mm。种子褐色，扁平，具纵脉纹，轮廓纺锤形，两端具翅，连翅长2.5~3.5mm。花期7~8月，果期10~11月。

喜温暖湿润的半阴环境，不耐旱；不耐寒；喜肥；需水量较多；忌水涝；适宜在排水良好的酸性土壤中生长。

分布于西北（甘肃）、华东、华中、华南、西南等地区。

圆锥八仙花花序形大（长达30~40cm），色泽艳丽，且开花持久，常应用于庭园栽培观赏。

圆锥八仙花花形

花序下垂景观

圆锥八仙花植株景观

圆锥八仙花果序

070 白鹃梅 蔷薇科 白鹃梅属

Exochorda racemosa

姿态秀美花雪白，果形奇异富野趣。

落叶灌木，高达3~5m。枝条细弱开展；小枝圆柱形，微有棱角，无毛，幼时红褐色，老时褐色。叶片椭圆形、长椭圆形至长圆倒卵形，长3.5~6.5cm，宽1.5~3.5cm，先端圆钝或急尖稀有突尖，基部楔形或宽楔形，全缘；叶柄短，长5~15mm，或近于无柄；不具托叶。顶生总状花序，有花6~10朵，无毛；苞片小，宽披针形；花直径2.5~3.5cm；萼筒浅钟状，无毛；萼片宽三角形，长约2mm，先端急尖或钝，边缘有尖锐细锯齿，无毛，黄绿色；花瓣5，倒卵形，长约1.5cm，白色；雄蕊15~20，与花瓣对生。蒴果具5棱脊，果梗长3~8mm，种子有翅。花期5月，果期6~8月。

适应性强。性喜光，也耐半阴；耐干旱瘠薄；有一定耐寒性，在北京可露地栽培。

产于中国河南、江西、江苏、浙江等地。多生于山坡阴地。

白鹃梅姿态秀美，春日开花，满树雪白，如雪似梅；果形奇异；是美丽的观花、观果植物。宜在草地、林缘、路边及假山岩石间配植。在常绿树丛边缘群植，宛若层林点雪，饶有雅趣。

白鹃梅景观

白鹃梅花枝

白鹃梅花形

白鹃梅

071 笑靥花 蔷薇科 绣线菊属

Spiraea prunifolia

繁花点点可欺雪，秋叶橙黄亦灿烂。

落叶灌木，高可达3m。小枝细长，稍有棱角，幼时被短柔毛，以后逐渐脱落，老时近无毛。冬芽小，卵形，无毛，有数枚鳞片。叶片卵形至长圆披针形，长1.5~3cm，宽0.7~1.4cm，先端急尖，基部楔形，边缘有细锐单锯齿，上面幼时微被短柔毛，老时仅下面有短柔毛，具羽状脉；叶柄长2~4mm，被短柔毛。伞形花序无总梗，具花3~6朵，基部着生数枚小形叶片；花梗长6~10mm，有短柔毛；花重瓣，直径达1cm，白色。花期3~5月。

喜温暖湿润气候，较耐寒；对土质要求不严，一般土壤均可种植。

分布于山东、江苏、浙江、江西、湖南、福建、广东、台湾等地。多生于山坡及溪谷两旁、山野灌丛中、路旁及沟边。

笑靥花枝条柔软，纤长伸展，多弯曲成拱形，繁花点点，满目清凉，衬上绿叶翠枝，赏心悦目。晚春翠叶、白花，繁密似雪，极具观赏价值。可丛植于池畔、山坡、路旁、崖边。

笑靥花花形

笑靥花花枝

济南植物园笑靥花景观

盛花景观

笑靥花花丛

072 珍珠花 *Spiraea thunbergii*

蔷薇科 绣线菊属

别称：喷雪花

花朵密集如喷雪，叶片薄细如鸟羽。

喷雪状花条

珍珠花花序

珍珠花花条

多年生落叶灌木，树高2~3m。其干枝多灰褐色，小枝红褐色。叶对生，奇数羽状复叶，小叶3~7个。花两性，顶生圆锥花序，花白色或粉红色；花柱2~3个分离或基部合生，胚珠多数。蒴果膨胀成膀胱状，膜质。种子球状，倒卵形，种皮骨质，无假种皮。花期4~5月，果期7月。

性喜光；较耐寒；适温暖湿润、排水良好的砂质壤土。

原产于华东。现山东、陕西、辽宁等地均有栽培。日本也有分布。

珍珠花树姿婀娜、叶形似柳，开花如雪。三四月开细白花，点缀于枝上。叶片薄细如鸟羽，秋季转变为橘红色，甚为美丽。珍珠花在园林中应用广泛，既可孤植于水沟边，丛植作花篱；亦可修剪成球形植于草坪角隅，或和假山、石块配置在一起，相得益彰；亦可作切花用。珍珠花的花、叶清秀，花期很长，又值夏季少花季节，为在园林应用上十分受欢迎的观赏树种。

济南植物园珍珠花盛花景观

073 麻叶绣球 *Spiraea cantoniensis* 蔷薇科 绣线菊属

落叶灌木，高1~2m。小枝细，开张，稍弯曲，深红褐色或暗灰褐色，无毛。冬芽小，卵形，先端急尖或圆钝，无毛，有数个外露鳞片。单叶互生；叶片菱状披针形至菱状长圆形，长3~5cm，宽1.5~2cm，先端急尖，基部楔形，边缘自近中部以上有缺刻状锯齿，上面深绿色，下面灰蓝色，两面无毛，有羽状叶脉；叶柄长4~7mm，无毛。伞形花序具多数花朵；花梗长8~14mm，无毛；苞片线形，无毛；花直径5~7mm；萼筒钟状，外面无毛，内面被短柔毛。蓇葖果直立开张，无毛，。花期4~5月，果期7~9月。

性喜阳光，稍耐阴。耐旱，忌水湿。较耐寒，适生于肥沃湿润土壤。

广泛分布于东北、华北及长江流域。

麻叶绣球植株丛生成半圆形，开花白色一片，十分雅致；可丛植于池畔、路旁或林缘，也可列植为花篱。

麻叶绣球花丛

麻叶绣球花枝

麻叶绣球珍珠景观

074 三桠绣球

Spiraea trilobata

蔷薇科 绣线菊属

纷纷红紫斗芳菲，争似团酥越样奇。

料想花神闲戏击，误随风起坠繁枝。

——宋·杨巽斋《玉绣球》

三桠绣球叶片

三桠绣球花序

三桠绣球花枝

常绿灌木或小乔木，高5~10m。幼枝有毛。叶互生，卵形或卵状长椭圆形，长8~15cm，基出3主脉，先端渐尖，基部近圆形，缘有不显锯齿，两面幼时疏生星状柔毛，后脱落。花白色，呈伞房花序；花瓣5，长圆形，雄蕊多数。花期5~6月，果期7~9月。

性喜光，稍耐阴，较耐寒，对土壤适应性强，喜暖热湿润气候及深厚肥沃而排水良好的壤土。

产于我国东北、河北北部、山西南部及新疆北部。日本、朝鲜、蒙古、俄罗斯及欧洲也有分布。

三桠绣球白花密集美丽，广泛应用于庭园、园林观赏。

三桠绣球植株景观

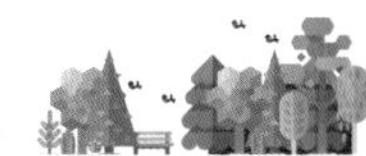

075 圆锥绣球 虎耳草科 绣球属 圆锥绣球变种

Hydrangea paniculata 'Grandiflara'

高枝带雨压雕栏，一蒂千花白玉团。

——明·谢榛《绣球花》

落叶灌木或小乔木，高1~5m，胸径达20cm。枝暗红褐色或灰褐色，初时被疏柔毛，后变无毛，具凹条纹和圆形浅色皮孔。叶纸质，2~3片对生或轮生，卵形或椭圆形。圆锥状聚伞花序尖塔形，长达26cm，序轴及分枝密被短柔毛；不育花较多，白色；萼片4，阔椭圆形或近圆形，不等大，结果时长1~1.8cm，宽0.8~1.4cm，先端圆或微凹，全缘；孕性花萼筒陀螺状，长约1.1mm；雄蕊不等长，长的达4.5mm，短的略短。果椭圆形，不连花柱长4~5.5mm，宽3~3.5mm，顶端突出部分圆锥形，其长约等于萼筒。种子褐色，扁平，具纵脉纹，轮廓纺锤形，两端具翅，连翅长2.5~3.5mm。花期7~8月，果期10~11月。

喜温暖湿润的半阴环境，不耐旱，不耐寒，喜肥，需水量较多，但忌水涝，适宜在排水良好的酸性土壤中生长。

产于西北（甘肃）、华东、华中、华南、西南等地区。日本也有分布。多生于山谷、山坡疏林下或山脊灌丛中，海拔360~2100m。

圆锥绣球开花持久，繁花似锦，花色艳丽，常于庭园栽培观赏。

作行道树景观

圆锥绣球花丛

圆锥绣球红绣球

圆锥绣球植株景观

圆锥绣球花序

076 柳叶绣线菊

Spiraea Salicifolia

蔷薇科 绣线菊属

似菊花容非菊花，风光旖旎绽芳华。
嫣红俏丽朝天笑，娇艳馨香灿若霞。

柳叶绣线菊花枝

柳叶绣线菊花序

柳叶绣线菊花形

落叶灌木，高1~2m。枝条密集，小枝稍有棱角，黄褐色，嫩枝具短柔毛，老时脱落。冬芽卵形或长圆卵形，外被稀疏细短柔毛。叶片长圆披针形至披针形，长4~8cm，宽1~2.5cm，先端急尖或渐尖，基部楔形，边缘密生锐锯齿；叶柄长1~4mm，无毛。长圆形或金字塔形的圆锥花序，长6~13cm，直径3~5cm，被细短柔毛，花朵密集；花梗长4~7mm；花直径5~7mm；萼筒钟状；萼片三角形，内面微被短柔毛；花瓣卵形，先端通常圆钝，长2~3mm，宽2~2.5mm，粉红色；雄蕊50，约长于花瓣2倍；花盘圆环形，裂片呈细圆锯齿状。

喜光，耐旱，耐寒，对土壤要求不严，喜肥沃土壤。

产于黑龙江、吉林、辽宁、内蒙古、河北等地。多生长于河流沿岸、湿草原、空旷地和山沟中，海拔200~900m。蒙古、日本、朝鲜、西伯利亚以及欧洲东南部均有分布。

柳叶绣线菊是优良的观赏绿化树种，宜在庭园、池旁、路旁、草坪等处栽植，作整形树颇优美，亦可作花篱。

柳叶绣线菊植株景观

077 风箱果

Physocarpus amurensis

蔷薇科 风箱果属

落叶灌木，高达3m。小枝圆柱形，稍弯曲，幼时紫红色，老时灰褐色。叶片三角卵形至宽卵形；叶柄微被柔毛或近于无毛；托叶线状披针形，早落。花序伞形总状，总花梗和花梗密被星状柔毛；苞片披针形，早落；花萼筒杯状；萼片三角形；花瓣白色；花药紫色；心皮外被星状柔毛，花柱顶生。蓇葖果膨大，卵形，熟时沿背腹两缝开裂，外面微被星状柔毛，内含光亮黄色；种子2~5枚。花期6月，果期7~8月。

喜光，也耐半阴。耐寒性强。要求土壤湿润，但不耐水渍。风箱果适宜能力强，能耐－50℃的低温。

产于中国黑龙江、河北等地。多生于山沟中，在阔叶林边，常丛生。

风箱果树形开展，花色素雅、花序密集，果实初秋时呈红色，具有较高的观赏价值，可植于亭台周围、丛林边缘及假山旁边。

风箱果花丛

风箱果花序

风箱果果枝

风箱果叶片

北京植物园风箱果植株景观

078 华北珍珠梅 *Sorbaria kirilowii*

蔷薇科 珍珠梅属

群花洁白可赢雪，花开串串似珍珠。

落叶灌木，高达3m。枝条开展；小枝圆柱形，稍有弯曲，光滑无毛；幼时绿色，老时红褐色。冬芽卵形，先端急尖，无毛或近于无毛，红褐色。羽状复叶，具小叶片13~21，连叶柄在内长21~25cm，宽7~9cm，光滑无毛。顶生大型密集的圆锥花序，分枝斜出或稍直立，直径7~11cm。长15~20cm；花瓣倒卵形或宽卵形，先端圆钝，基部宽楔形，长4~5mm，白色；雄蕊20，与花瓣等长或稍短于花瓣，着生在花盘边缘；花盘圆杯状；心皮5，无毛，花柱稍短于雄蕊。花期6~7月，果期9~10月。

中性树种，喜温暖湿润气候，喜光也稍耐阴，抗寒能力强；对土壤的要求不严，较耐干旱瘠薄，喜湿润肥沃、排水良好之地。

产于河北、河南、山东、山西、陕西、甘肃、青海、内蒙古等地。多生于山坡阳处杂木林中，海拔200~1300m。

华北珍珠梅树姿秀丽，叶片幽雅，花序大而茂盛，小花洁白如雪而芳香，含苞欲放的球形小花蕾圆润如串串珍珠；花期长，可达2个月，陆续开花，花谢之后，将其花序剪除，它又能继续生出新的花枝，二次开的花更为繁密美丽，其花期可一直延至10月份。

华北珍珠梅植株景观

华北珍珠梅花枝

华北珍珠梅花序

华北珍珠梅叶片

079 东北珍珠梅 *Sorbaria sorbifolia*

蔷薇科 珍珠梅属

落叶灌木，高达2m。枝条开展，小枝稍屈曲，无毛或稍被柔毛。奇数羽状复叶，连叶柄长13~23cm，小叶11~17枚，叶轴微被柔毛；小叶对生，披针形或卵状披针形，长5~7cm，宽1.8~2.5cm；先端渐尖，稀尾尖，基部稍圆，稀偏斜；具尖重锯齿，叶背光滑。圆锥花序顶生，长10~20cm，花小，白色，雄蕊比花瓣长。东北珍珠梅较华北珍珠梅花期短，花序偏直立。

喜阳光充足，湿润气候，耐阴，耐寒。喜肥沃湿润土壤，对环境适应性强，生长较快，耐修剪，萌发力强。

原产于亚洲北部，现主产中国东北几省区，俄罗斯、蒙古、日本及朝鲜半岛亦有分布。

东北珍珠梅树姿秀丽，夏日开花，花蕾白亮如珠。花形酷似梅花，花期很长。宜丛植于草地角隅、窗前、屋后或庭园阴处，效果尤佳。

东北珍珠梅花枝

东北珍珠梅花序

东北珍珠梅花形

北京中国林科院东北珍珠梅景观

080 七姊妹

Rosa multiflora var. *carnea*

蔷薇科 蔷薇属

千红万紫数不尽，秾花彩锦舞阳春。

落叶或半常绿灌木，高达3~4 m。茎直立或攀缘，通常有皮刺。叶互生，奇数羽状复叶，具托叶，小叶有锯齿。花单生或组成伞房花序，生于新梢顶端，花径一般约2 cm；花重瓣，深粉红色，常7~10朵簇生在一起，具芳香。果近球形，直径6~8 mm，红褐色或紫褐色，有光泽，无毛，萼片脱落。

喜阳光，耐寒，耐旱，耐水湿；适应性强，对土壤要求不严，在黏重土壤上也能生长良好，用播种、扦插、分根繁殖均宜成活。

原产于中国。目前我国南北各地均有引种栽培，其中以黄河流域为栽培中心，应用较多。

七姊妹开花时远看锦绣一片，红花遍地，近看花团锦簇，鲜红艳丽，非常壮观。在庭园造景时可布置成花柱、花架、花廊、墙垣等造型，也是优良的垂直绿化材料，还能植于山坡、堤岸作水土保持用。

七姊妹蔷薇红棚景观

七姊妹花形

七姊妹花枝

七姊妹蔷薇绿篱景观

七姊妹叶片

081 荷花蔷薇 *Rosa multiflora* Thunb.

蔷薇科 蔷薇属 野蔷薇变种

蔷薇花开满城春，万紫千红醉游人。

大红色系　二红色系　粉红色系

泰山脚下荷花蔷薇景观

落叶灌木，高1~2m。枝细长，直立或蔓生，有皮刺。小叶通常5~9，倒卵形至椭圆形，长1.5~3cm，宽0.8~2cm，顶端急尖或稍钝，边缘有锐锯齿，两面有短柔毛，老时近于无毛；叶柄、叶轴有短柔毛或腺毛；托叶粉红色。

喜光，略耐阴，耐寒，耐旱，忌积水，萌蘖性强，耐修剪，对土壤要求不严，以肥沃、深厚、微酸性的砂壤土中生长最佳。

广泛分布于华北、华东、华中、华南及西南等地。

荷花蔷薇外形及其颜色都极像荷花，花瓣张扬展开，颜色以桃粉色为主，与荷花颜色极相似。喜爱荷花但是没有场地种植荷花的爱好者可以尝试种植荷花蔷薇，可享受到荷花的风韵。

082 月季

Rosa chinensis

蔷薇科 蔷薇属

花落花开无间断，春来春去不相关。
牡丹最贵惟春晚，芍药虽繁只夏初。
惟有此花开不厌，一年常占四时春。

——宋·苏东坡《月季》

月季花形 1

月季花形 2

月季花形 3

月季花形 4

落叶直立灌木，高1~2m。小枝粗壮，圆柱形，有短粗的钩状皮刺。羽状复叶，小叶3~5（~7），连叶柄长5~11cm；小叶片宽卵形至卵状长圆形，长2.5~6cm，宽1~3cm，先端长渐尖或渐尖，基部近圆形或宽楔形，边缘有锐锯齿。花几朵集生，稀单生，直径4~5cm；花梗长2.5~6cm，近无毛或有腺毛。花瓣重瓣至半重瓣，红色、粉红色至白色，倒卵形，先端有凹缺，基部楔形。果卵球形或梨形，长1~2cm，红色，萼片脱落。花期4~9月，果期6~11月。

性喜温暖、日照充足、空气流通的环境。冬季气温低于5℃即进入休眠。有的品种能耐－15℃的低温和耐35℃的高温。

中国是月季花的原产地之一，广泛分布于长江及黄河流域。

月季花在我国南北园林中，是使用最广泛的花卉之一。为春季主要的观赏花卉植物，其花期长，观赏价值高，价格低廉，受到各地园林的青睐。可用于布置花坛、花境、庭园花材，可制作月季盆景，作切花、花篮、花束等。

北京北植物园月季坛景观

083 丰花月季

Rosa cultivars **'Floribunda'**

蔷薇科 蔷薇属 现代月季变种

五彩缤纷月季花，姹紫嫣红绽芳华。
四季花开枝头俏，花中皇后必属它。

二红丰花月季

大红丰花月季

丰花月季花丛

盛开丰花月季景观

落叶灌木，高0.5~1.3m。小枝具钩刺或无刺、无毛。羽状复叶，小叶5~7片，宽卵形，柄及叶轴疏生皮刺及腺毛，托叶大部与叶柄连合。花单生或几朵集生，呈伞房状，花径4~6cm，花梗3~5cm，常被腺毛；萼片卵形；花瓣有深红、银粉、淡粉、黑红、橙黄等颜色，重瓣；花柱分离，子房被柔毛。蔷薇果卵球形，径1~1.2cm，红色。花期5月底至11月初，果期9~11月。

性耐寒，耐高温，抗旱，抗涝，抗病，对环境的适应性极强。

广泛分布于我国辽宁以南广大地区。

丰花月季在我国园林绿化中有着不可替代的位置，是使用最广泛的花卉之一。其花开烂漫，花期特长，观赏价值高，价格低廉，受到人们广泛喜爱和重视。可栽植于花坛、道路、公园、厂区等，绿化效果好，观赏期长。

084 木香 蔷薇科 蔷薇属

Rosa banksiae

花似繁星插满头，自高垂下显风流。
身如香妃使人醉，一闻香味解百愁。

垂花如流

木香花丛

木香花枝

落叶攀援灌木，高可达6m。小枝圆柱形，多垂生，无毛，有短小皮刺。羽状叶，小叶3~5，叶片椭圆状卵形或长圆披针形；小叶柄和叶轴有稀疏柔毛和散生小皮刺；托叶线状披针形，膜质，离生，早落。花小形，多朵成伞形花序；萼片卵形；花瓣重瓣至半重瓣，白色，倒卵形。花期4~5月。

喜阳光，亦耐半阴；较耐寒；对土壤要求不严，耐干旱、耐瘠薄，但栽植在土层深厚、疏松、肥沃湿润而又排水通畅的土壤中则生长更好；也可在黏重土壤上正常生长。不耐水湿，忌积水。

原产自中国四川、云南等地。多生于溪边、路旁或山坡灌丛中。目前全国各大城市均有栽培。

木香花朵繁密，色艳，香味特浓，秋果红艳，是极好的垂直绿化材料。适用于布置花柱、花架、花廊和墙垣；也是作绿篱的良好材料，非常适合家庭种植。

泰山广生泉百年木香景观

老槐树下的木香树

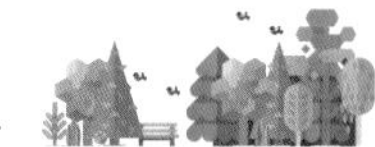

085 玫瑰 蔷薇科 蔷薇属

Rosa rugosa

非关月季姓名同，不与蔷薇谱谍通。

接叶连枝刺满身，一花两色浅深红。

落叶灌木，树高达2.5m。茎粗壮，丛生；小枝密被绒毛，并有针刺和腺毛，有直立或弯曲、淡黄色的皮刺，皮刺外被绒毛。奇数羽状复叶，小叶5~9片，椭圆形，有边刺。花瓣倒卵形，重瓣至半重瓣，花有紫红色、白色。果扁球形，直径2~2.5cm，砖红色，肉质，平滑，萼片宿存。花期5~6月，果期8~9月。

喜阳光充足，耐寒、耐旱；喜排水良好、疏松肥沃的壤土或轻壤土；在黏壤土中生长不良，开花不佳。

玫瑰主产于山东平阴县及定陶县。其次为北京、新疆、陕西、甘肃等。

玫瑰花色浓艳，是中国传统的十大名花之一，也是世界四大切花之一，素有“花中皇后”之美称，在国外应用极广。

西方把玫瑰花当作严守秘密的象征。做客时看到主人家桌子上方画有玫瑰，就明白在这桌上所谈的一切均不可外传。这是起源于罗马神话中的荷鲁斯（Horus）撞见女神“维纳斯”偷情的情事，女神的儿子丘比特为了帮自己的母亲保全名节，于是给了荷鲁斯一朵玫瑰，荷鲁斯收了玫瑰，此后就一直缄默不语。

玫瑰植株景观

玫瑰花丛

玫瑰花苞

玫瑰花形

玫瑰枝刺

086 黄刺玫 蔷薇科 蔷薇属

Rosa xanthina

难与千红竞彩妆，花团扁刺展新黄。
久观不惑馨香重，唯见群蜂采蜜忙。

落叶直立灌木，高2~3m。小枝无毛，有散生皮刺，无针毛。小叶7~13，连叶柄长3~5cm；小叶片宽卵形或近圆形，稀椭圆形，边缘有圆钝锯齿，上面无毛，幼嫩时下面有稀疏柔毛，逐渐脱落；叶轴、叶柄有稀疏柔毛和小皮刺；托叶条状披针形，大部分贴生于叶柄，离生部分呈耳状，边缘有锯齿和腺毛。花单生于叶腋，单瓣或重瓣，无苞片，花梗无毛，长1~1.5cm；萼筒、萼片外面无毛，萼片披针形，全缘，内面有稀疏柔毛；花瓣黄色，宽倒卵形；花柱离生，有长柔毛，比雄蕊短很多。实果近球形或倒卵形，紫褐色或黑褐色，直径8~10mm，无毛，萼片于花后反折。花期4~6月，果期7~9月。

性喜光，稍耐阴；耐寒力强。对土壤要求不严，耐干旱和瘠薄，在盐碱土中也能生长，而以疏松、肥沃土地为佳。不耐水涝。

中国东北、华北各地均有栽培。

黄刺玫花开鲜艳夺目，且花期较长，开花时一片金黄，是北方春末夏初的重要观赏花木，适合庭园丛植及用作花篱。

黄刺玫花枝

黄刺玫花形

黄刺玫植株景观

黄刺玫果枝

黄刺玫叶片

087 棣棠花 *Kerria japonica*

蔷薇科 棣棠花属

棣棠艳出群芳外，一叶一花繁可爱。
黄深碧浅娇无奈，摇曳绿罗金缕带。

落叶丛生小灌木，高1~2m。小枝绿色，无毛，髓白色，质软。叶卵形或三角状卵形，长2~8cm，宽1.2~3cm，先端渐尖，基部截形或近圆形，边缘有锐尖重锯齿，叶背疏生短柔毛；叶柄长0.5~1.5cm，无毛；托叶钻形，膜质，边缘具白毛。花单生于当年生侧枝顶端，花梗长1~1.2cm，无毛；花金黄色，直径3~4.5cm；萼筒无毛，萼裂片卵状三角形或椭圆形，长约0.5cm，全缘，两面无毛；花瓣长圆形或近圆形，长1.8~2.5cm，先端微凹；雄蕊长不及花瓣之半；花柱顶生，与雄蕊近等长。瘦果褐黑色，扁球形。花期5~6月，果期7~8月。

喜温暖气候，耐寒性不强，故在北京园林中宜选背风向阳处栽植。喜光，较耐阴。对土壤要求不严，耐旱力较差。

分布于华东、华北及西南、陕西、甘肃、河南、湖北、湖南等地。

棣棠花枝叶翠绿细柔，金花满树，别具风姿，可栽在墙隅及道路旁，有遮蔽之效。宜作花篱、花径；群植于常绿树丛之前，古木之旁，山石缝隙之中或池畔、水边、溪流及湖沼沿岸成片栽种，均甚相宜。若配植疏林草地或山坡林下，则尤为雅致，野趣盎然。

棣棠花单瓣花　棣棠花花丛　棣棠花重瓣花

棣棠花植株景观　棣棠花枝叶

088 鸡麻 *Rhodotypos scandens*

蔷薇科 鸡麻属

花开洁白清秀，红果玲珑碧透。

落叶灌木，高0.5~2m，稀为3m。小枝紫褐色，嫩枝绿色，光滑。叶对生；叶柄长2~5mm，被疏柔毛；托叶膜质狭带形，被疏柔毛，不久脱落。花期4~5月，果期6~9月。

喜光，耐半阴。耐寒、怕涝，适生于疏松肥沃排水良好的土壤。

分布在浙江、辽宁、湖北、山东、陕西、甘肃、安徽、江苏、河南等地。多生长于海拔100~800m的地区，常见于山坡疏林中及山谷林下阴处。

鸡麻花叶清秀美丽，洁白的花，玲珑的果，特别的花萼，翠绿的叶子，适宜丛植于草地、路旁、角隅或池边，也可植山石旁。我国南北各地广泛栽培供庭园绿化用。

鸡麻花丛

鸡麻花枝

鸡麻花形

鸡麻植株景观

089 金露梅 *Potentilla fruticosa*

蔷薇科 委陵菜属

命运难能由己定，何曾怨恨此中生？
虽遭风雨多残酷，却把炎凉看更清。

草原金露梅景观

金露梅花形

金露梅雪景

金露梅植株景观

落叶灌木，高可达2m。树皮纵向剥落。小枝红褐色。羽状复叶，叶柄被绢毛或疏柔毛；小叶片长圆形、倒卵长圆形或卵状披针形，两面绿色，托叶薄膜质。单花或数朵生于枝顶，花梗密被长柔毛或绢毛；萼片卵圆形，顶端急尖至短渐尖；花瓣黄色，宽倒卵形，顶端圆钝，比萼片长；花柱近基生。瘦果褐棕色近卵形，6~9月开花结果。

特耐寒，特耐干旱、瘠薄，适应性极强。

分布于黑龙江、吉林、辽宁、内蒙古、河北、陕西、甘肃、新疆、四川、西藏等地。多生于山坡草地、砾石坡、灌丛及林缘。

该树种枝叶茂密，黄花鲜艳，适宜作庭园观赏灌木，作矮篱也很美观。叶与果含鞣质，可提制栲胶。嫩叶可代茶叶饮用。

090 紫叶李

Prunus cerasifera **'Pissardii'**

蔷薇科 李属 樱李变种

花朵柔白叶绛红，一妆两色展春荣。

满园佳丽争娇艳，黑红相映露峥嵘。

落叶灌木或小乔木，高可达8m。多分枝，枝条细长，开展，暗灰色，有时有棘刺。花1朵，稀2朵；花梗长1~2.2cm。无毛或微被短柔毛；花直径2~2.5cm。核果近球形或椭圆形，长宽几相等，直径1~3cm，黄色、红色或黑色，微被蜡粉。花期4月，果期8月。

喜光、温暖湿润气候；有一定的抗旱能力。对土壤适应性较强。较耐干旱，较耐水湿；以在肥沃、深厚、排水良好的黏质中性、酸性土壤中生长良好；不耐碱。根系较浅，萌生力较强。

原产于新疆。目前我国南北各地均有栽培，生长均较好。

紫叶李整个生长季节都为紫红色，为著名观叶树种。孤植群植皆宜，能衬托背景。尤其是紫色发亮的叶子，在绿叶丛中，像一株株永不败的花朵，在青山绿水中形成一道靓丽的风景线。宜于建筑物前及园路旁或草坪角隅处栽植。

紫叶李盛花景观

紫叶李花枝

紫叶李果实

泰山脚下紫叶李景观

091 杏 *Armeniaca vulgaris*

蔷薇科 杏属

清明时节雨纷纷，路上行人欲断魂。

借问酒家何处有？牧童遥指杏花村。

——唐·杜牧《清明》

落叶乔木，高可达15m。叶互生，阔卵形或圆卵形，边缘有钝锯齿；近叶柄顶端有二腺体。淡红色花单生或2~3并生，白色或微红色。核果扁圆形，果皮多为黄色至黄红色，向阳部常具红晕和斑点；暗黄色果肉，味甜多汁；核面平滑没有斑孔，核缘厚而有沟纹。种仁多苦味或甜味。花期3~4月，果期6~7月。

阳性树种，适应性强，深根性，喜光，耐旱，抗寒，抗风，寿命可达百年以上，为低山丘陵地带的主要栽培果树。

原产于中国，多数为栽培种，尤以华北、西北和华东地区种植较多。在新疆伊犁一带野生成纯林或与新疆野苹果林混生，海拔可达3000m。

杏在早春开花，先花后叶。杏花有变色的特点，含苞待放时，朵朵艳红，随着花瓣的伸展，色彩由浓渐渐转淡，到谢落时就成雪白一片。可与苍松、翠柏配植于池旁湖畔或植于山石崖边、庭园堂前，颇具观赏性。

杏花岭

杏花小桥

杏花枝

杏花沟

092 山杏

Armeniaca sibirica

蔷薇科 杏属

山杏野桃花似雪，行人不知为谁开。

且喜山杏报丰收，明年相望贵客来。

高原山杏植株景观

山杏林

山杏花枝

落叶灌木或小乔木，高2~5m。树皮暗灰色。小枝无毛，稀幼时疏生短柔毛，灰褐色或淡红褐色。叶片卵形或近圆形，长5~10cm，宽4~7cm，先端长渐尖至尾尖，基部圆形至近心形；叶缘有细钝锯齿。花萼紫红色；萼筒钟形，基部微被短柔毛或无毛。果实扁球形；直径1.5~2.5cm；黄色或橘红色，有时具红晕，被短柔毛；果肉较薄而干燥，成熟时开裂，味酸涩不可食。花期3~4月，果期6~7月。

适应性强。喜光，稍耐阴。根系发达，深入地下，具有耐寒、耐旱、耐瘠薄的特点，在-30~-40℃的低温下能安全越冬。生长在7~8月干旱季节，当土壤含水率仅达3%~5%时，山杏仍叶色浓绿，生长正常。

产于中国黑龙江、吉林、辽宁、内蒙古、甘肃、河北、山西等地。多生于干燥向阳山坡上、丘陵草原或与落叶乔灌木混生；海拔700~2000m。蒙古东部和东南部、俄罗斯远东和西伯利亚地区也有分布。

我国东北和华北地区山杏大量生产种仁，供内销和出口。山杏可绿化荒山、保持水土，也可作沙荒防护林的伴生树种。

山杏

093 东北杏

蔷薇科 杏属

Armeniaca mandshurica

落叶乔木，树高达5~15m。幼叶在芽中席卷状，叶柄常具腺体。果实为核果，两侧多少扁平，有明显纵沟；果肉肉质而有汁液，成熟时不开裂，稀干燥而开裂，外被短柔毛，稀无毛，离核或粘核。

喜光，不耐阴。根系发达，树势强健，生长迅速，有萌蘖力。具有较强的耐寒性和耐干旱、耐瘠薄土壤的能力。可在轻盐碱地中生长。极不耐涝，也不喜空气湿度过高的环境。适合生长在排水良好的砂质壤土中。定植后4~5年开始结果，寿命一般在40~60年以上。

分布于黑龙江、辽宁、吉林等地。多生在开阔的向阳山坡灌木林。

东北杏是食用杏的一种，也作观赏植物栽培。在园林内可植于庭前、墙隅、路旁，或在山坡、池畔作丛植、群植或造林栽植，也可作固沙树种和荒山造林树种，还可做杏的砧木。有的品种可供果品加工，制作蜜饯、果酱、果干等；核仁可供食用，又可供药用。

沈阳植物园东北杏植株景观

东北杏花形

东北杏花萼

东北杏叶片

东北杏果实

094 梅

蔷薇科 杏属

Armeniaca mume

梅雪争春未肯降，骚人阁笔费评章。

梅须逊雪三分白，雪却输梅一段香。

——宋·卢梅坡《雪梅》

梅需逊雪三分白 雪却输梅一段香

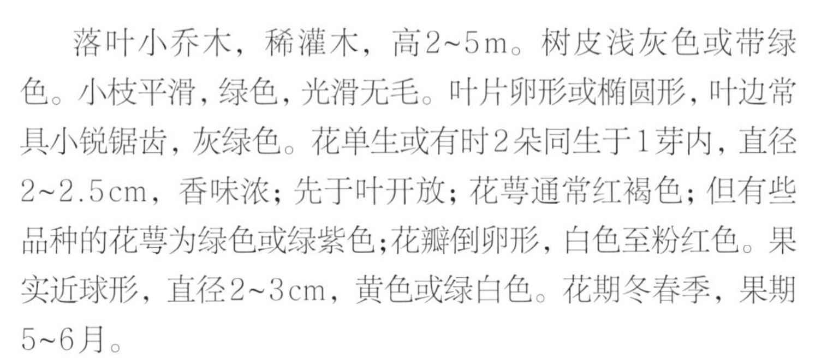

落叶小乔木，稀灌木，高2~5m。树皮浅灰色或带绿色。小枝平滑，绿色，光滑无毛。叶片卵形或椭圆形，叶边常具小锐锯齿，灰绿色。花单生或有时2朵同生于1芽内，直径2~2.5cm，香味浓；先于叶开放；花萼通常红褐色；但有些品种的花萼为绿色或绿紫色；花瓣倒卵形，白色至粉红色。果实近球形，直径2~3cm，黄色或绿白色。花期冬春季，果期5~6月。

有一定耐寒能力。中国北方由于冬季严寒，地栽难以越冬，多作盆栽，在温室中越冬生长。中国各地均有栽培，但以长江流域以南各省最多；江苏北部和河南南部也有少数品种；某些品种已在华北引种成功。

中国古代文人对梅花情有独钟，视赏梅为一件雅事。赏梅贵在“品赏”二字上，品赏梅花一般着眼于色、香、形、韵、时（开花早晚）等方面。梅花是中国十大名花之首，与兰花、竹子、菊花一起誉为花中“四君子”；与松、竹一起美曰“岁寒三友”。

梅花香自苦寒来

绝美

泰山梅园景观

寒梅神韵

095 桃 *Amygdalus persica*

蔷薇科 桃属

去年今日此门中，人面桃花相映红。

人面不知何处去，桃花依旧笑春风。

——唐·崔护《题都城南庄》

落叶小乔木；树高达15m。叶为窄椭圆形至披针形，长15cm，宽4cm，先端成长而细的尖端，边缘有细齿，暗绿色有光泽，叶基具有蜜腺。树皮暗灰色，随年龄增长出现裂缝。花单生，从淡至深粉红或红色，有时为白色，有短柄，直径4cm，早春开花。近球形核果，表面有毛茸，肉质可食，为橙黄色泛红色，直径5~9cm。

性喜光、耐旱、耐寒力强。冬季温度在－25℃以下时容易发生冻害，早春晚霜危害也时有发生，防冻防霜至关重要。忌渍涝，淹水24小时就会造成植株死亡。选择排水良好、土层深厚的砂质微酸性土壤最为理想。

原产于中国，各省区广泛栽培。主要经济栽培地区在华北、华东各省。中国是桃的故乡，至今已有3000多年的栽培历史。山东省肥城桃是桃中珍品，驰名中外。

树姿优美，枝干扶疏，花朵丰腴，色彩艳丽，为早春重要观花树种之一。观赏桃主要是观赏桃花，有桃红、嫣红、粉红、银红、殷红、紫红、橙红、朱红……真是万紫千红，其中桃红可谓艳压群芳。

桃园风光

桃花枝

桃花形

泰山桃花峪

水蜜桃

096 红碧桃 *Prunus persica* 蔷薇科 李属

黄师塔前江水东，春光懒困倚微风。
桃花一簇开无主，可爱深红爱浅红。

——唐 · 崔护《题都城南庄》

粉红碧桃

大红碧桃

落叶小乔木，树高多为2~3m。小枝有光泽，绿色，向阳处转变成红色，具大量小皮孔。冬芽圆锥形，顶端钝，外被短柔毛。叶片长圆披针形、椭圆披针形或倒卵状披针形，长7~15cm，宽2~3.5cm，先端渐尖，基部宽楔形；叶边具细锯齿或粗锯齿，齿端具腺体或无腺体；叶柄粗壮，长1~2cm，常具1至数枚腺体。花单生，先于叶开放，直径2.5~3.5cm；花梗极短或几无梗；萼筒钟形，被短柔毛，绿色，具红色斑点；花瓣长圆状椭圆形至宽倒卵形，粉红色。本种特点花重瓣，红色。

性喜光，喜温和；具有一定耐寒性，适生温度15~30℃；忌燥热；怕湿涝；喜肥沃而排水良好的土壤；碱性土及黏重土均不适宜。

产于浙江、安徽、江苏、山东、河南等地。

红碧桃不但花朵美丽，而且叶呈紫红色，可与西府海棠、丁香、白鹃梅、紫叶李配植，色彩丰富，布置于庭园，有很好的观赏效果。

青岛八大关红碧桃行道树

花红似火

红碧桃花枝

097 白碧桃

***Prunus persica* 'Albo-plena'**

蔷薇科 李属 桃之栽培变种

昨日青枝初泛红，蓓蕾串串早欣荣。
春光不负古稀梦，又送芳菲含露风。

落叶小乔木，树高达10m。干皮灰色，枝绿色。叶卵状披针形。着花密，花洁白如玉，重瓣，很有特色；花径4~6cm，花瓣平展15~30，萼片2轮，10枚，绿色；果呈长球形。花期4月上旬至下旬。

性喜光，耐旱，不耐潮湿的环境。喜欢气候温暖的环境，耐寒性好，能在－25℃的自然环境安然越冬。要求土壤肥沃、排水良好。不喜欢积水，如栽植在积水低洼的地方，容易出现死苗。

原产于中国，分布在西北、华北、华东、西南等地。其中以江苏、山东、浙江、安徽、上海、河南、河北等地栽培较多。

白碧桃花大色艳，开花时十分美丽，观赏期达15天之久。在园林绿化中被广泛用于湖滨、溪流、道路两侧和公园、庭园绿化、点缀私家花园等，也可用于盆栽观赏，还常用于切花和制作盆景。可列植、片植、孤植，当年即可获取良好的绿化效果。

白碧桃

繁花似锦

白碧桃花枝

白碧桃树株景观

098 花碧桃 *Prunus persica* 'Versicolor'

蔷薇科 李属 桃树栽培变种

窈窕多姿，犹如美人。
五颜六色，风日水滨。

花碧桃枝间花

花碧桃花间花

花碧桃花内花

落叶小乔木，树高2~3m。叶为窄椭圆形至披针形，长15cm，宽4cm，先端成长而细的尖端，边缘有细齿，暗绿色有光泽；叶基具有蜜腺。树皮暗灰色，随年龄增长出现裂缝。花单生，从淡红至深粉红或红色，有时为白色，一朵花上可兼有不同颜色；花有短柄，直径4cm，早春开花；盛花期5~7年。核果近球形，表面有毛茸，形很小，肉质，不可食；为橙黄色泛红色，直径7.5cm，有带深麻点和沟纹的核，内含白色种子。花期4月，果期9月。

喜半阴，忌烈日；喜温暖气候，略耐寒；耐暑热高温；喜空气湿度大，忌干燥。

目前广泛栽培于黄河流域及以南各地。

花碧桃花开时，花一树多色，一花多色，花色极为丰富。园林绿化广泛应用于公园、城市绿地及庭园观赏。观赏价值甚高，颇受市场欢迎。

花碧桃景观

099 菊花碧桃 *Prunus persica* 'Stellata'

蔷薇科 李属 桃树栽培变种

一身艳红碧萝衣，花形奇特似娇菊。

落叶小乔木或灌木，树高2~3m。干皮深灰色，小枝细长柔弱，黄褐色。花红色；花蕾卵形；花瓣披针卵形，不规则扭曲，酷似菊花花瓣，多瓣集生，可达29枚（22~32）。雄蕊平均32，花丝长1cm，花药黄色；雌蕊略高于雄蕊。果实绿色，尖圆形，长4cm，宽3cm；果核长3cm，宽1.5cm，椭圆形；核面粗糙。花期4月中旬。

喜阳光充足、通风良好的环境；耐干旱、高温和严寒，不耐阴，忌水涝。适宜在疏松肥沃、排水良好的中性至微酸性土壤中生长。盆栽也要将花盆摆放在室外阳光明亮处，即使盛夏也不必遮光，以免因光照不足使花朵小而稀少。

分布于中国北部及中部地区。目前我国各地广泛引种栽培。

菊花碧桃植株不大，株型紧凑，开花繁茂；因花形酷似菊花而得名，是观赏桃系列花中的珍贵品种。

菊花碧桃花丛

菊花碧桃花枝

菊花碧桃花形

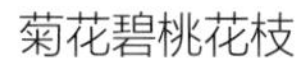

窗外一株菊花碧桃

100 白花山碧桃 蔷薇科 李属 山桃栽培变种

***Prunus davidiana* 'Albo-plena'**

花开烂漫千树雪，寒春偶见胜梅绝。

流连忘返

行道树白花山碧桃景观

落叶乔木，树高达15m，是桃和山桃的天然杂交种。树皮光滑，深灰色或暗红褐色。小枝细长，黄褐色。花白色，花蕾卵形，花瓣卵形，长1.8cm，花径4.5cm，复瓣，梅花型，花瓣数18枚（16~23）；雄蕊数平均73.5，花丝长平均1.8cm，雄蕊与花瓣近等长，花药黄色；无雌蕊；着花密；花梗长0.5cm；萼片绿色，两轮，卵状；花丝和萼片均有瓣化现象。叶绿色，椭圆披针形，长12.8cm，宽3.2cm，叶缘细锯齿，叶柄1.5cm。花期在所有桃花品种中最早，在北京地区4月上旬即可盛花。

喜光，耐寒，耐旱，较耐盐碱，忌水湿。

广泛栽培于全国各地。除十分严寒地区外，中国各地几乎均有栽培。

该种花期特早，着花量大，花开雪白，观赏价值高，可广泛用于园林、庭园及行道树栽植，可形成烂漫的春花景观。

北京植物园白花山碧桃景观

白花山碧桃花形

101 重瓣榆叶梅 *Prumus triloba* 'Plena'

蔷薇科 李属 榆叶梅栽培变种

昨日青枝初泛红，蓓蕾串串早欣荣。
春光不负古稀梦，又送芳菲含露风。

落叶灌木，稀为小乔木，株高2~5m。枝条开展，具多数短小枝；小枝灰色，一年生枝灰褐色，嫩枝无毛或微被毛；冬芽短小，长2~3mm。短枝上的叶常簇生，一年生枝上的叶互生；叶宽卵形到倒卵形，长2~6cm，宽1.5~3（~4）mm，先端少分裂，基部宽楔型；叶柄长5~8mm，有短毛。花重瓣，花1~2朵，先于叶开放，直径2~3cm；花梗长4~8mm；深粉红色。核果，近球形，红色，壳面有皱纹，直径1~1.8cm，顶端具短小尖头，外被短柔毛；果梗长5~10mm；果肉薄，成熟时开裂；核近球形，具厚硬壳，直径1~1.6cm。花期3~4月，果期5~6月。

性喜光，耐寒、耐旱，对轻度碱土也能适应，不耐水涝。

产于黑龙江、吉林、辽宁、内蒙古、河北、山西、陕西、甘肃、山东、江西、江苏、浙江等省区。生于低至中海拔的坡地或沟旁乔、灌木林下或林缘。全国各地多数公园均有栽植。

重瓣榆叶梅开花早，着花密，花粉红色，色艳。叶片下面无毛。是一种观赏价值甚高的花木品种。

重瓣榆叶梅花幔

重瓣榆叶梅花枝

重瓣榆叶梅花形

北京北海公园重瓣榆叶梅

102 鸾枝榆叶梅

蔷薇科 李属 榆叶梅栽培变种

***Prunus triloba* 'Atropurpurea'**

鸾枝锦簇小桃红，阳暖风轻春意浓。

粉朵争强压众艳，芬芳阵阵透芳踪。

落叶灌木或小乔木，树高达3m。枝条褐色，粗糙。叶宽椭圆形至倒卵形，先端尖或为3裂状，基部宽楔形，边缘有不等的粗重锯齿。花粉红色，常1~2朵生于叶腋，重瓣，叠生。核果红色，近球形，有毛。花期4月，果期7月。

为温带树种，喜光，稍耐阴；耐寒，在－35℃的条件下能安全越冬。对土壤要求不严，喜中性至微碱性、肥沃、疏松的砂壤土。耐旱力强，不耐水涝。有较强的抗病力。

分布于我国北部地区，以北京及黄河流域栽培较多。

鸾枝榆叶梅枝叶茂密，花繁色艳。宜植于公园草地、路边，或庭园中的墙角、池畔等。如将榆叶梅植于常绿树前，或配植于山石处，则能产生良好的观赏效果。与连翘搭配种植，盛开时红黄相映更显春意盎然。也可盆栽或作切花。

泰山脚下鸾枝榆叶梅景观

鸾枝榆叶梅花幔

鸾枝榆叶梅花丛

鸾枝榆叶梅花枝

鸾枝榆叶梅花形

103 麦李 *Cerasus glandulosa*

蔷薇科 樱属

网上敲诗不染尘，谁家结社梦成真？
心香一瓣群芳醉，都是当年麦李人！

落叶灌木，高达2m。叶卵状长椭圆形至椭圆状披针形，长5~8cm，先端急尖而常圆钝，基部广楔形，缘有细钝齿；叶柄长4~6mm。花粉红或近白色，径约2cm，花梗长约1cm。果近球形，径1~1.5cm，红色。

有一定耐寒性，喜光。适应性较强，对土壤条件要求不严。

产于中国陕西、河南、山东、江苏、安徽、浙江、福建、广东、广西、湖南、湖北、四川、贵州、云南等地。多生于山坡、沟边或灌丛中，也有庭园栽培，海拔800~2300m。日本有分布。

麦李花色素雅，甚为美观，各地庭园常见栽培观赏，宜于草坪、路边、假山旁及林缘丛栽，也可作基础栽植、盆栽或催花、切花材料。春天叶前开花，满树灿烂，甚为美丽；秋叶又变红，是很好的庭园观赏树。

麦李白花

麦李夏色

北京植物园麦李秋色

麦李粉红花

麦李果实

104 毛樱桃 蔷薇科 樱属

Cerasus tomentosa

万绿丛中几点红，颗颗玛瑙照眼明。

落叶灌木，一般株高2~3m，冠径3~3.5m。幼枝密被绒毛；冬芽3枚并生。叶椭圆形，长3~5cm。花白色，稍带粉红，径1.5~2cm。核果圆或长圆，鲜红或乳白，味甜酸，可食，是早熟的水果之一。

喜光、喜温、喜湿、喜肥；适合在年均气温10~12℃，年降水量600~700mm，年日照时数2600~2800小时以上的气候条件下生长。冬季极端最低温度不低于－20℃的地方能生长良好，正常结果。在土质黏重的土壤中栽培时，根系分布浅，不抗旱，不耐涝也不抗风。毛樱桃树对盐渍化的程度反应很敏感，适宜的土壤pH值为5.6~7，因此盐碱地区不宜种植毛樱桃。

产于黑龙江、吉林、辽宁、内蒙古、河北、山西、陕西、甘肃、宁夏、青海、山东、四川、云南、西藏等地，多见于城市园林、庭园栽培观赏。

毛樱桃树形优美，花朵娇小，果实艳丽，花、叶、果、型均可观赏，是集观花、观果、观型为一体的园林观赏植物。在公园、庭园、小区等处可采用孤植的形式栽植，亦可与其他花卉、观赏草、小灌木等组合配置，营造出层次丰富、色彩鲜艳、活泼自然的园林景观。

济南植物园毛樱桃盛花景观

毛樱桃花枝

毛樱桃林盛花景观

毛樱桃果枝

105 樱桃 *Cerasus pseudocerasus*

蔷薇科 樱属

书帘未馆燕为家，青草门庭只产蛙。

一树樱桃红半落，园丁愁斫雨如麻。

——宋·陆文圭《山村示暮春三绝句和韵》

落叶乔木，高2~6m。树皮灰白色。小枝灰褐色，嫩枝绿色，无毛或被疏柔毛。冬芽卵形，无毛。花期3~4月，果期5~6月。

喜光、喜温、喜湿、喜肥的果树，适合在年均气温10~12℃，年降水量600~1000mm，年日照时数2600~2800小时以上的气候条件下生长。日平均气温高于10℃的时间在150天以上，冬季极端最低温度不低于-20℃的地方都能生长良好，正常结果。若当地有霜害，樱桃园地可选择在春季温度上升缓慢、空气流通的西北坡。

主要产地为山东、安徽、江苏、浙江、河南、甘肃、陕西等。

果实色泽鲜艳、晶莹美丽、红如玛瑙，黄如凝脂。山东省临沂市沂南县黑山安村的樱桃，已驰名中外，每年农历4月下旬举办樱桃节，各地游客络绎不绝。贵州省安顺市境内镇宁布依族苗族自治县境内盛产此种水果。而安徽省太和县樱桃在清朝时一直作为贡品被皇家尝用。

樱桃可以代表很多美好的事物，可以代表特别有活力的女孩子，可以代表很鲜活的爱情，它不仅象征着爱情、幸福和甜蜜，更蕴含着珍惜这层含义。樱桃英文名 cherry，音译车厘子，意思就是珍惜。

垂枝樱桃

樱桃花枝

樱桃古树

樱桃花形

樱桃果实

106 日本早樱 蔷薇科 李属 杂交种

Prunus × yedoensis

疑似桃花满树开，近观却是早樱来。
东风送暖春回早，五彩缤纷天意裁。

玉树开花

落叶乔木，高4~16m，树皮灰色。日本早樱（俗称单樱）主要是指日本之染井吉野樱花品种杂交树种。小枝淡紫褐色，无毛，嫩枝绿色，被疏柔毛。冬芽卵圆形，无毛。叶片椭圆卵形或倒卵形，长5~12cm，宽2.5~7cm，先端渐尖或骤尾尖，基部圆形；叶柄长1.3~1.5cm。花序伞形总状，总梗极短，有花3~4朵，花为单瓣，先叶开放，花直径3~3.5cm；总苞片褐色，椭圆卵形，长6~7mm，宽4~5mm，两面被疏柔毛。花期4月底或5月初。

喜光；较耐寒；喜湿润通气性和通水性好的砂质壤土。

原产日本。1902年中国对染井吉野与其他品种的樱花进行了规模性引进。北京、上海、无锡、南昌、西安、青岛、南京、武汉、大连、杭州等地均有引进。

青岛中山公园的日本早樱在每年4月底盛开。公园樱花路上樱花烂漫，五彩缤纷，好不壮观。

日本早樱花枝

青岛中山公园樱花大道景观

五彩缤纷美人醉

107 日本晚樱 蔷薇科 李属
Prunus lannesiana

小园新种红樱树，闲绕花行便当游。

何必更随鞍马队，冲泥蹋雨曲江头。

——唐 · 白居易《酬韩侍郎张博士雨后游曲江见寄》

落叶乔木，树高达10m。树皮银灰色，有锈色唇形皮孔。叶片为椭圆状卵形、长椭圆形至倒卵形，纸质、具有重锯齿，叶柄上有一对腺点，托叶有腺齿。伞形花序总状或近伞形，有花2~3朵；花梗长1.5~2.5cm，无毛或被极稀疏柔毛；萼筒管状，长5~6mm，宽2~3mm，先端扩大，萼片三角披针形，先端渐尖或急尖；边全缘；花瓣粉色、红色等多样，倒卵形，先端下凹；雄蕊约38枚；花柱无毛。核果球形或卵球形，紫黑色，直径8~10mm。花期4~5月，果期6~7月。

日本晚樱花枝

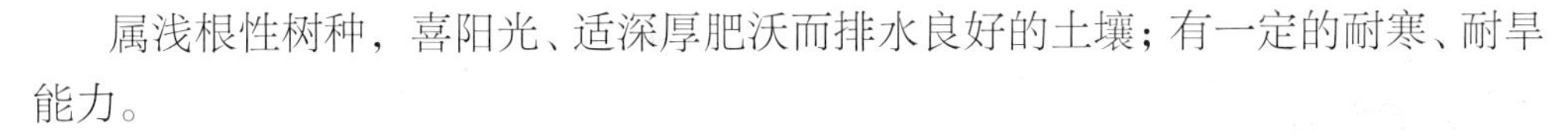

属浅根性树种，喜阳光、适深厚肥沃而排水良好的土壤；有一定的耐寒、耐旱能力。

日本晚樱花丛

我国华北至长江流域各地均有栽培。

日本晚樱花大而芳香，盛开时繁花似锦，烂漫之极。日本晚樱既有梅之幽香，又有桃之艳丽，品种多达数百种。日本晚樱以群植为佳，最宜行集团状群植，在各集团之间配植常绿树作衬托，这样做不但能充分发挥樱花的观赏效果，而且有利于病虫害的防治。我国目前日本晚樱品种很多，按花色分有纯白、粉白、深粉至淡黄色；幼叶有黄绿、红褐至紫红诸色；花瓣有单瓣、半重瓣至重瓣之别。其花期受气候影响较为明显。

日本晚樱花形

日本晚樱行道树

日本晚樱植株景观

108 东京樱花 蔷薇科 李属 杂交种

Prunus* × *yedoensis

苦蝉待夏半枝鸣，娇樱盼春三日笑。

旋染东风香盈满，投怀神州多一俏。

东京樱花盛花景观

东京樱花花丛

东京樱花花枝

东京樱花花形

落叶乔木，高4~16m。树皮灰色。小枝淡紫褐色，无毛，嫩枝绿色，被疏柔毛。冬芽卵圆形，无毛。叶片椭圆卵形或倒卵形，上面深绿色，无毛；下面淡绿色，沿脉被稀疏柔毛。花序伞形总状，总梗极短，有花3~4朵，先叶开放，花直径3~3.5cm；花瓣白色，椭圆卵形，先端下凹，全缘二裂；雄蕊约32枚，短于花瓣；花柱基部有疏柔毛。核果近球形，直径0.7~1cm，黑色，核表面略具棱纹。花期4月，果期5月。

性喜光、喜温、喜湿、喜肥；适合在年均气温10~12℃，年降水量600~700mm气候条件下生长。较耐寒，冬季极端最低温度不低于－20℃的地方都能生长良好，正常结果。

原产于日本。北京、西安、青岛、南京、南昌等城市园林多有栽培。

东京樱花为著名的早春观赏花木树种，开花时满树灿烂，但是花期很短，仅保持1周左右就凋谢。可孤植或群植于庭园、公园、草坪、湖边或居住小区等处，远观似一片云霞，绚丽多彩；也可以列植或和其他花灌木合理配置于道路两旁，或片植作专业东京樱花园。

109 垂樱

蔷薇科 李属 东京樱花变种

***Prunus* × *yedoensis* 'Pendula'**

春花似锦飘柔，夏天垂枝荡漾。

落叶乔木，高4~16m。树皮灰色。小枝淡紫褐色，无毛，嫩枝绿色，被疏柔毛。冬芽卵圆形，无毛。叶片椭圆卵形或倒卵形，上面深绿色，无毛；下面淡绿色，沿脉被稀疏柔毛。花序伞形总状，总梗极短，有花3~4；先叶开放，花直径3~3.5cm；花瓣白色或粉红色，椭圆卵形，先端下凹；雄蕊约32枚，短于花瓣；花柱基部有疏柔毛。核果近球形，直径0.7~1cm，黑色，表面略具棱纹。花期4月，果期5月。

喜光，喜温，喜湿，喜肥；适合在年均气温10~12℃，年降水量600~700mm，年日照时数2600小时以上的气候条件下生长。日平均气温高于10℃的时间在150~200天，冬季极端最低温度不低于－20℃的地方都能生长良好，正常结果。

原种产于日本。后被美国、英国、加拿大等引种和选育。在中国湖南、浙江、安徽、江西、湖北、四川等地有栽培。

垂樱既有樱花的妩媚，又有垂柳的柔美；春天繁花似锦，夏天浓荫蔽日；秋天黄叶飘飘，冬天遒劲古朴；兼可观花、观叶、观型，是高观赏价值的景观树。但垂樱的繁殖难度较大，培育成本较高，所以在中国的风景园林应用还不广泛。

垂樱行道树

寺庙垂樱

垂樱风景树景观

垂樱风景树

垂樱行道风景树

110 稠李 *Padus racemosa*

蔷薇科 稠李属

串串花朵伴星辰，星辰伴着串串花。

落叶乔木，高达13m。树干皮灰褐色或黑褐色，浅纵裂。小枝紫褐色，有棱。幼枝灰绿色，近无毛。单叶互生，叶椭圆形、倒卵形或长圆状倒卵形，长6~14cm，宽3~5cm，先端突渐尖，基部宽楔形或圆形，缘具尖细锯齿；有侧脉8~11对；叶柄长1cm以上，近叶片基部有2腺体。两性花，腋生总状花序，下垂，基部常有叶片，长达7~15cm，有花10~20朵，花部无毛，花瓣白色。核果近球形，黑紫红色，径约1cm。

性喜光，也耐阴；抗寒力较强；怕积水涝洼；不耐干旱瘠薄，在湿润肥沃的砂质壤土上生长良好；萌蘖力强，病虫害少。

产于黑龙江、吉林、辽宁、内蒙古、河北、山西、河南、山东等地。多生于山坡、山谷或灌丛中，海拔880~2500m。

稠李嫩叶鲜绿，老叶紫红，与其他树种搭配，红绿相映成趣。在园林、风景区既可孤植、丛植、群植，又可片植，或植成大型彩篱及大型的花坛模纹；又可作为城市道路二级行道树，以及小区绿化的风景树使用。也适植于草坪、角隅、岔路口、山坡、河畔、石旁、庭园、建筑物前面、大门广场等处。

稠李盛花景观

稠李花丛

稠李大树景观

稠李花枝

稠李果枝

111 平枝栒子 *Cotoneaster horizontalis*

蔷薇科 栒子属

枝干玲珑富野趣，绿叶丛中数点红。

半常绿匍匐灌木，高1m以下。小枝排成两列，幼时被糙伏毛。叶片近圆形或宽椭圆形，稀倒卵形，先端急尖，基部楔形，全缘，上面无毛，下面有稀疏伏贴柔毛；叶柄被柔毛；托叶钻形，早落。花1~2朵顶生或腋生，近无梗；花瓣粉红色，倒卵形，先端圆钝；雄蕊约12；子房顶端有柔毛，离生。果近球形，鲜红色。花期5~6月，果期9~10月。

喜温暖湿润的半阴环境，也耐干燥和瘠薄的土地；不耐湿热，怕积水。有一定的耐寒性。

分布于中国安徽、湖北、湖南、四川、贵州、云南、陕西、甘肃等省。生于海拔1000m以上的山坡、山脊灌丛中或岩缝中。

平枝栒子的主要观赏价值是深秋的红叶。在深秋时节，平枝栒子的叶子变红，分外绚丽。隆冬果实深红色，与绿叶红绿相映，饶有情趣。

平枝栒子枝丛

平枝栒子花枝

平枝栒子花形

平枝栒子群体景观

112 火棘

Pyracantha fortuneana

蔷薇科 火棘属

别称：火把果

串串珍珠枝上红，蓬蓬绿叶透晶莹。

雪压冰覆浑无惧，依旧亭亭山野中。

果红似火

火棘花序

火棘果序

常绿灌木或小乔木，高达3m。侧枝短，先端成刺状；嫩枝外被锈色短柔毛；老枝暗褐色。芽小，外被短柔毛。叶片倒卵形或倒卵状长圆形，长1.5~6cm，宽0.5~2cm，先端圆钝或微凹，叶柄短，无毛或嫩时有柔毛。花集成复伞房花序，直径3~4cm；花瓣白色，近圆形，长约4mm，宽约3mm；雄蕊20，花丝长3~4mm，药黄色；花柱5，离生，与雄蕊等长，子房上部密生白色柔毛。果实近球形，直径约5mm，橘红色或深红色。花期3~5月，果期8~11月。

喜强光，耐贫瘠，抗干旱，不甚耐寒；黄河流域及以南可露地种植，华北需盆栽、塑料棚或低温温室越冬，温度可低至0℃。对土壤要求不严，而以排水良好、湿润、疏松的中性或微酸性壤土为好。

广泛分布于中国黄河流域及以南和广大西南地区。

其适应性强，耐修剪，萌发力强，作绿篱具有优势。火棘常作为圆球形造型，采取拼栽、截枝、放枝及修剪整形的手法，错落有致地栽植于草坪之上，点缀于庭园深处。红彤彤的火棘果使人在寒冷的冬天里有一种温暖的感觉。

泰山脚下盛花火棘景观

113 山楂 *Crataegus pinnatifida*

蔷薇科 山楂属

寒秋最爱山里红，树树挂满红灯笼。
江湖郎中施妙手，冰糖葫芦显神功。

山野山楂树盛花景观

落叶乔木，高可达6m。落叶乔木，树皮粗糙，暗灰色或灰褐色；有刺，刺长约1~2cm，有时无刺。小枝圆柱形，当年生枝紫褐色，无毛或近于无毛，疏生皮孔；老枝灰褐色。冬芽三角卵形，先端圆钝，无毛，紫色。叶片宽卵形或三角状卵形，稀菱状卵形，长5~10cm，宽4~7.5cm，先端短渐尖，基部截形至宽楔形，通常两侧各有3~5羽状深裂片；侧脉6~10对，有的达到裂片先端，有的达到裂片分裂处。叶柄长2~6cm，无毛；托叶草质，镰形，边缘有锯齿。

山楂适应性强，喜凉爽、既湿润的环境，即耐寒又耐高温，在－36~43℃均能生长。喜光也能耐阴，一般分布于荒山秃岭、阳坡、半阳坡、山谷；坡度以15~25° 为好。耐旱，水分过多时，枝叶容易徒长。

广泛分布在山东、陕西、山西、河南、江苏、浙江、辽宁、吉林、黑龙江、内蒙古、河北等地。

山楂树冠整齐，花繁叶茂，果实鲜红可爱，是兼观花、观果的园林绿化优良树种。果可食。

山楂田间行道树

山楂花序

山楂果实

114 枇杷 蔷薇科 枇杷属

Eriobotrya japonica

细雨茸茸湿楝花，南风树树熟枇杷。

徐行不记山深浅，一路莺花送到家。

——明·杨基《天平山中》

常绿小乔木，高可达10m。小枝粗壮，黄褐色，密生锈色或灰棕色绒毛。叶片革质，披针形、倒披针形、倒卵形或椭圆长圆形，长12~30cm，宽3~9cm，先端急尖或渐尖，基部楔形或渐狭成叶柄，上部边缘有疏锯齿。圆锥花序顶生，长10~19cm，具多花；总花梗和花梗密生锈色绒毛；花梗长2~8mm；花瓣白色，长圆形或卵形，长5~9mm，宽4~6mm；雄蕊20，远短于花瓣；花柱5，离生，柱头头状，无毛；子房顶端有锈色柔毛，5室，每室有2胚珠。果实球形或扁球形，直径2~2.5cm，褐色，光亮。可食。花期10~12月，果期5~6月。

喜光，稍耐阴，喜温暖气候和肥水湿润、排水良好的土壤。稍耐寒，不耐严寒，生长缓慢，平均温度12℃，冬季不低于－5℃，花期，幼果期不低于0℃的地区，都能生长良好。

产于甘肃、陕西、河南、江苏、安徽、浙江、江西、湖北、湖南、四川、云南、贵州、广西、广东、福建、台湾等地广泛栽培。四川、湖北有野生者。目前山东多地有引进，生长良好。

枇杷在秋天或初冬开花，果子在春天至初夏成熟，枇杷的花为白色或淡黄色，有5片花瓣，直径约2cm，以5~10朵成一束，极具观赏价值。

山东农业大学枇杷雪景

枇杷花序

枇杷花形

枇杷果实

115 百华花楸 *Sorbus pohuashanensis*

蔷薇科 花楸属

玲珑缀果，娇妍映红。

攀峰越谷，拔秀幽丛。

落叶乔木，高达8m。小枝粗壮，圆柱形，灰褐色，具灰白色细小皮孔。冬芽长大，长圆卵形，先端渐尖，具数枚红褐色鳞片，外面密被灰白色绒毛。奇数羽状复叶，连叶柄在内长12~20cm，叶柄长2.5~5cm；小叶片5~7对，卵状披针形或椭圆披针形，长3~5cm，宽1.4~1.8cm，先端急尖或短渐尖，基部偏斜圆形，边缘有细锐锯齿，侧脉9~16对；在叶边稍弯曲，下面中脉显著突起；叶轴有白色绒毛，老时近于无毛；托叶草质，宿存，宽卵形，有粗锐锯齿。

性喜湿润土壤，耐寒，耐旱，较耐干旱瘠薄。多沿着山地溪涧山谷的阴坡生长。

产于黑龙江、吉林、辽宁、内蒙古、河北、山西、甘肃、山东等地。常生于山坡或山谷杂木林内，海拔900~2500m。

春日满树白花，入秋红果累累，颇具观赏价值。

泰山百华花楸景观

百华花楸花序

百华花楸果序

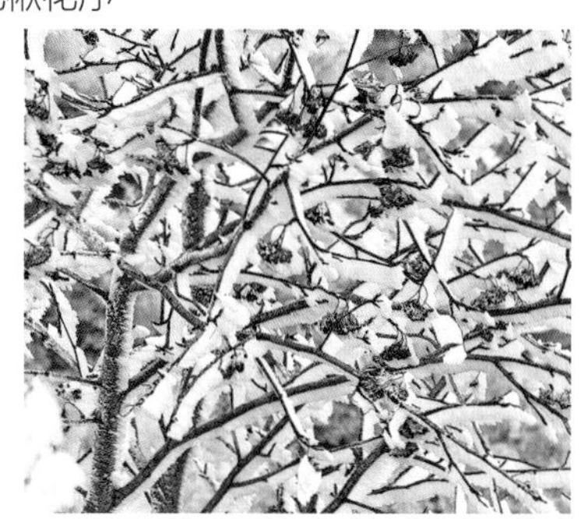

红妆素裹

百华花楸枝叶

116 水榆花楸 *Sorbus alnifolia*

蔷薇科 花楸属

泰山水榆花楸

落叶乔木，高可达20m。小枝圆柱形，冬芽卵形，先端急尖，外具数枚暗红褐色无毛鳞片。叶片卵形至椭圆卵形，先端短渐尖，侧脉直达叶边齿尖；叶柄无毛或微具稀疏柔毛。复伞房花序较疏松，总花梗和花梗具稀疏柔毛；萼筒钟状，外面无毛，萼片三角形，白色；花柱基部或中部以下合生，光滑无毛。果实椭圆形或卵形，红色或黄色。花期5月，果期8~9月。

适生于湿润、通气良好、中性和微酸性深厚壤质土及沟谷两侧排水良好、土壤深厚的腐殖质冲积土。在黏重和瘠薄的土壤上生长不良。

分布于中国黑龙江、吉林、辽宁、河北、河南、陕西、甘肃、山东、安徽、湖北、江西、浙江、四川等地。多生于山坡、山沟或山顶混交林及灌木丛中。

树冠圆锥形，秋季叶片转变成猩红色，为园林美丽风景观赏树，也可作庭园观赏树种。

水榆花楸花序

水榆花楸枝叶

水榆花楸秋色

水榆花楸冬色

117 石楠 *Photinia serrulata*

蔷薇科 石楠属

留得行人忘却归，雨中须是石楠枝。

明朝独上铜台路，容见花开少许时。

常绿灌木或中型乔木，高3~6m，有时可达12m。枝褐灰色，全体无毛。冬芽卵形，鳞片褐色，无毛。叶片革质，长椭圆形、长倒卵形或倒卵状椭圆形，长9~22cm，宽3~6.5cm。复伞房花序顶生，直径10~16cm；总花梗和花梗无毛，花梗长3~5mm；花密生，直径6~8mm；萼筒杯状，长约1mm，无毛；花瓣白色，近圆形，直径3~4mm；雄蕊20；花柱2，有时为3，基部合生，柱头头状，子房顶端有柔毛。果实球形，直径5~6mm，红色，后成褐紫色。花期5~7月，果期10月。

喜光稍耐阴。深根性，对土壤要求不严，但以肥沃、湿润、土层深厚、排水良好、微酸性的砂质土壤最为适宜。能耐短期-15℃的低温，喜温暖、湿润气候，在焦作、西安及山东等地能露地越冬。萌芽力强，耐修剪，对烟尘和有毒气体有一定的抗性。

主产于长江、淮河流域及秦岭以南地区，黄河流域有广泛栽培。

石楠枝繁叶茂，终年常绿。其叶片翠绿色，具光泽，早春幼枝嫩叶为紫红色；夏季密生白色花朵；秋后鲜红果实缀满枝头，鲜艳夺目，是一个观赏价值相当高的常绿阔叶树木。

盛花石楠植株景观

石楠花序

石楠果序

泰山石楠植株景观

春梢鲜红

118 红叶石楠 蔷薇科 石楠属 杂交种

Photinia × fraseri

全身盛装，脸颊飞霞。
红浪滚滚，状如火把。

红叶石楠景观

常绿小乔木或灌木，高可达5m，树冠多修剪为圆球形。叶片革质，长圆形至倒卵状、披针形，叶端渐尖，叶基楔形，叶缘有带腺的锯齿。花多而密，复伞房花序，花白色。梨果黄红色。花期5~7月，果期9~10月。

红叶石楠在温暖潮湿的环境生长良好。在直射光照下，色彩更为鲜艳，但也具耐阴能力。抗旱，不抗水湿。抗盐碱性较强，对土壤要求不严格，适宜生长于各种土壤中，很容易移植成株，但以在微酸性砂质土壤中生长最好。性耐寒，能够抵抗低温环境。

在我国南北各地均有栽培，园林绿化景观效果均佳，为我国北方重要彩叶树种。

红叶石楠作行道树，其杆立如火把；作绿篱，其状卧如火龙；修剪造景，形状可千姿百态，景观效果均佳。

红叶石楠绿篱

红叶石楠地被

耐寒的红叶石楠

119 贴梗海棠 蔷薇科 木瓜属

Chaenomeles speciosa

枝间新绿一重重，小蕾深藏数点红。

爱惜芳心莫轻吐，且教桃李闹春风。

——金 · 元好问《同儿辈赋未开海棠》

落叶灌木，高达2m。枝条直立开展，有刺；小枝圆柱形，微屈曲，无毛，紫褐色或黑褐色，有疏生浅褐色皮孔。冬芽三角卵形，先端急尖，近于无毛或在鳞片边缘具短柔毛，紫褐色。叶片卵形至椭圆形，稀长椭圆形。花先叶开放，3~5朵簇生于二年生老枝上。花期3~5月，果期9~10月。

适应性强，喜光，也耐半阴；耐寒；耐旱。对土壤要求不严，在肥沃、排水良好的黏土、壤土中均可良好生长；忌低洼和盐碱地。

产于北京及以南广大地区。以陕西、甘肃、四川、贵州、云南、广东等地多见。缅甸亦有分布。

此花早春先花后叶，花色鲜艳，很美丽。枝密多刺可作绿蓠，花果繁茂，灿若云锦，清香四溢，效果甚佳。

红花贴梗海棠　　白花贴梗海棠　　绿花贴梗海棠

北京植物园白色贴梗海棠

120 木瓜 *Chaenomeles sinensis*

蔷薇科 木瓜属

投我以木瓜，报之以琼琚。

匪报也，永以为好也！

——《诗经·卫风·木瓜》

木瓜花幔

木瓜花形

木瓜果实

木瓜树皮

落叶灌木或小乔木，高达5~10m。叶片椭圆卵形或椭圆长圆形，稀倒卵形，长5~8cm，宽3.5~5.5cm，叶柄长5~10mm，微被柔毛，有腺齿。果实长椭圆形，长10~15cm，暗黄色，木质，味芳香，果梗短。花期4月，果期9~10月。

性喜光，栽植地可选择避风向阳处。喜温暖环境。对土质要求不严，但在土层深厚、疏松肥沃、排水良好的砂质土壤中生长较好；低洼积水处不宜种植。喜半干半湿。在花期前后土壤宜略干，土壤过湿，则花期短。见果后喜湿，若土干，果呈干瘪状，就很容易落果。

广泛分布于我国山东、陕西、河南（桐柏）、湖北、江西、安徽、江苏、浙江、广东、广西等地。

木瓜树姿优美，花簇集中，花量大，花色美，常被作为风景观赏树种。还可作嫁接海棠的砧木，或作为盆景在庭园或园林中栽培。

泰山普照寺木瓜树景观

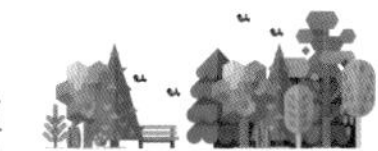

121 厚叶石斑木 蔷薇科 石斑木属

Rhaphiolepis umbellata

繁花容易纷纷落，翠叶四季迎客来。

常绿灌木或小乔木，高2~4m。枝粗壮，多分叉，枝和叶在幼时有褐色柔毛，后脱落。叶片厚革质，长椭圆形、卵形或倒卵形。圆锥花序顶生，萼筒倒圆锥状，萼片三角形至窄卵形；花瓣白色，倒卵形。果实球形，黑紫色带白霜，有1个种子。

适应性强，喜光，稍耐阴，宜种于阳光充足处，以充分展示其花朵刚盛开时的变化美与硕果累累的丰实美，创造季相景观，突出不同季节的景象特色。较耐寒。

原产于中国浙江（普陀、天台）。黄河及长江流域各大城市园林多有引进栽培。日本广泛分布。

厚叶石斑木花姿、果实都可供观赏，适合作盆景、庭园树、药用树、防风树和切花材料等。厚叶石斑木最大的特点为花朵刚盛开时，雄蕊为黄色，后逐渐转为红色，因此花心常同时呈现黄色及红色，生长形态颇为奇特。厚叶石斑木能自然成伞形，且耐修剪，可培育成独干不明显、丛生形的小乔木，替代大叶黄杨，群植成大型绿篱或幕墙。

厚叶石斑木花丛

厚叶石斑木枝叶

厚叶石斑木果实

青岛中山公园厚叶石斑木盛花景观

122 海棠花 蔷薇科 苹果属

Malus spectabilis

著雨胭脂点点消，半开时节最妖娆。

谁家更有黄金屋，深锁东风贮阿娇。

——唐 · 何希尧《海棠》

落叶乔木，高可达8m。小枝粗壮，圆柱形，幼时具短柔毛，逐渐脱落；老时红褐色或紫褐色，无毛。叶片椭圆形至长椭圆形，长5~8cm，宽2~3cm，边缘有紧贴细锯齿，有时部分近于全缘，幼嫩时上下两面具稀疏短柔毛。花序近伞形，有花4~6朵，花直径4~5cm；萼筒外面无毛或有白色绒毛；萼片三角卵形，先端急尖，全缘；花瓣卵形，长2~2.5cm，宽1.5~2cm；花在花蕾中呈红色，以后渐变为粉红、淡红，最后变为白色。果实近球形，直径2cm，黄色。花期3~5月，果期8~9月。

性喜光，不耐阴；极耐寒，对严寒及干旱气候有较强的适应性，所以可以承受寒冷的气候，一般来说，海棠在－15℃也能生长得很好。

广泛分布于中国华北、华中及华南。以河北、山东、陕西、江苏、浙江、云南等地较多见。

海棠花姿态潇洒，花开似锦，是中国北方著名的观赏树种。在皇家园林中常与玉兰、牡丹、桂花相配植，取“玉棠富贵”的意境。海棠花宜植人行道两侧、亭台周围、丛林边缘、水滨池畔等。海棠花对二氧化硫有较强的抗性，适用于城市街道绿地和矿区绿化。

海棠花自古以来是雅俗共赏的名花，素有“花中神仙”“花贵妃”“花尊贵”之雅称。

海棠花盛花景观

海棠花初花

海棠花花形

树干不定芽成花

123 垂丝海棠 蔷薇科 苹果属

Malus halliana

花如彩霞层层现，枝似轻丝袅袅垂。

垂丝海棠花幔

垂丝海棠花枝

垂丝海棠垂丝

垂丝海棠盛花景观

落叶小乔木，高达5m，树冠开展。叶椭圆形至长椭卵形。伞房花序，具花4~6朵，花梗细弱下垂，有稀疏柔毛，紫色；萼筒外面无毛；萼片三角卵形，花瓣倒卵形，基部有短爪，粉红色，常在5数以上。果实梨形或倒卵形，略带紫色，成熟很迟，萼片脱落。花期3~4月，果期9~10月。

性喜光，不耐阴，也不甚耐寒；喜温暖湿润环境，适生于阳光充足、背风之处。土壤要求不严，微酸或微碱性土壤均可成长，但以土层深厚、疏松、肥沃、排水良好略带黏质的地方生长更好。此花生性强健，容易栽培，不需要特殊技术管理，唯不耐水涝，盆栽须防止水渍，以免烂根。

广泛分布于中国江苏、山东、山西、浙江、安徽、陕西、四川和云南等地。多生于山坡丛林中或山沟、溪边，海拔50~1200m。

垂丝海棠叶茂花繁，丰盈娇艳，可在门庭两侧对植，或在亭台周围、丛林边缘、水滨布置。若在观花树丛中作主体树种，其下配植春花灌木，其后以常绿树为背景，则尤为绰约多姿，分外漂亮。

124 湖北海棠 *Malus hupehensis*

蔷薇科 苹果属

纤细稚嫩富野趣，未开时节花鲜红。
三山五岳能见君，五彩缤纷云烟生。

泰山天街湖北海棠远景

泰山天街湖北海棠雪景

落叶灌木或小乔木，高达8m。小枝最初有短柔毛，不久脱落，老枝紫色至紫褐色。冬芽卵形，先端急尖，鳞片边缘有疏生短柔毛，暗紫色。果实椭圆形或近球形，直径约1cm，黄绿色稍带红晕，萼片脱落；果梗长2~4cm。花期4~5月，果期8~9月。

湖北海棠为适应性极强的一个观赏树种，喜光，耐涝，抗旱，抗寒，抗病虫灾害。能耐－21℃的低温，并有一定的抗盐能力。

广泛产于湖北、湖南、江西、江苏、浙江、安徽、福建、广东、甘肃、陕西、河南、山西、山东、四川、云南、贵州等地。多生于山坡或山谷丛林中，海拔50~2900m。

春季满树缀以粉白色花朵，秋季结实累累，甚为美丽，观赏效果甚佳。干皮、枝条、嫩梢、幼叶、叶柄等部位均呈紫褐色，为春秋两季兼观花、观果的良好观赏树种。

泰山天街湖北海棠景观

湖北海棠花丛

湖北海棠枝叶

125 鸭梨 *Pyrus bretschneideri*

蔷薇科 梨属 白梨栽培变种

忽如一夜春风来，千树万树梨花开。

——唐·岑参《白雪歌送武判官归京》

落叶乔木，高达8m，树冠开展。小枝粗壮，圆柱形，微弯曲。冬芽卵形，先端圆钝或急尖，鳞片边缘及先端有柔毛，暗紫色。叶片卵形或椭圆卵形，长5~11cm，宽3.5~6cm，先端渐尖稀急尖，基部宽楔形。伞形总状花序，有花7~10朵，直径4~7cm，总花梗和花梗嫩时有绒毛。花瓣卵形，白色；长1.2~1.4cm，宽1~1.2cm。果实卵形或近球形，直径8~12cm。花期4月，果期9月。

耐寒、耐旱、耐涝、耐盐碱。冬季最低温度在－25℃以上的地区，多数品种可安全越冬。根系发达，喜光喜温，宜选择土层深厚、排水良好的地方种植，尤以砂质壤土最为理想。

产于河北、河南、山东、山西、陕西、甘肃、青海等地。山东境内黄河故道有千万亩的沙荒地，特适宜发展梨树生产。

置身于花期梨园，这里是一片冰清玉洁的世界，万亩一望无际的玉树银花，勾画出一道绝美的画卷。浓郁的梨花芳香，大地泥土的气息，沁人心肺，令人倾倒，使人如痴如醉，仿佛来到亦真亦幻的人间仙境。

梨树王

丰收在望

山东冠县万亩梨园景观

梨园观音

126 合欢

Albizia julibrissin

含羞草科 合欢属

别称：芙蓉树

昼开夜合玲珑花，万枝香袅红丝拂。

辽宁大连滨海合欢景观

合欢花幔

合欢果实

落叶乔木，高达15m，树冠开展。小枝有棱角，嫩枝、花序和叶轴被绒毛或短柔毛。羽片小叶4~12对，栽培种有时小叶10~30对，线形至长圆形，长6~12mm，宽1~4mm，向上偏斜，先端有小尖头。夏季开花，头状花序，合瓣花冠，雄蕊多条，淡红色。荚果条形，扁平，不裂。花期6~7月，果期8~10月。

性喜光，喜温暖，耐寒、耐旱、耐土壤瘠薄及轻度盐碱，对二氧化硫、氯化氢等有害气体有较强的抗性。

原产于美洲南部。我国黄河流域至珠江流域各地多有分布。

合欢花树形姿势优美，叶形雅致，树冠开阔，入夏绿荫清幽，羽状复叶昼开夜合，十分清奇；夏日粉红色绒花吐艳，十分美丽，有色有香，能形成轻柔舒畅的气氛，宜作庭荫树、行道树，种植于林缘、房前、草坪、山坡等地。

山东曲阜孔子博物馆合欢树盛花景观

127 山合欢 *Albizia kalkora*

含羞草科 合欢属

筵中蜡烛泪珠红，合欢桃核两人同。

……

山头桃花谷底杏，两花窈窕遥相映。

——唐·皇甫松《竹枝（一名巴渝辞）》

落叶乔木或灌木，树高3~8m。枝条暗褐色，被短柔毛，有显著皮孔。二回羽状复叶；羽片2~4对；小叶5~14对，长圆形或长圆状卵形。荚果带状，长7~17cm，宽1.5~3cm，深棕色；嫩荚密被短柔毛，老时无毛。种子4~12颗，倒卵形。花期5~6月，果期8~10月。

性耐旱、抗寒，对土质要求不是很高；对二氧化硫等有害气体及烟尘有较强抗性。

主产于我国华北、西北、华东、华南至西南部各省区。多生于山坡灌丛、疏林中。越南、缅甸、印度亦有分布。

山合欢树冠开阔，入夏绿荫浓浓，羽状复叶昼开夜合，十分清奇。夏日粉黄色绒花吐艳，十分美丽。适于在池畔、水滨、河岸和溪旁等处散植。山合欢是我国干旱山区重要的绿化树种之一。

泰山山合欢景观

山合欢花序

山合欢果实

山合欢树皮

128 南洋楹

Albizia falcataria

含羞草科 合欢属

顶天立地身自挺，遮云蔽日可称魁。

马良神笔绘秀叶，南洋巨树人称奇。

常绿大乔木，高达45m，胸径达1m以上。树干通直。树皮灰青至灰褐色，不裂。小枝具棱，淡绿色，皮孔明显，嫩时被毛。叶为二回羽状复叶，叶柄和叶轴上部的羽片着生处均有腺体，羽片11~20对，上部常对生，下部有时互生；小叶10~20对，细小，对生，无柄，菱状矩椭圆形，长10~15mm，宽约5mm，先端渐尖。穗状花序腋生，单生或排成圆锥状，花无梗，淡黄绿色。荚果黑褐色，狭带形，边缘较厚，长10~13cm，宽1.4~2cm，熟时开裂。每荚内有种子10~20粒。花期4~7月。

阳性树种，不耐阴；喜暖热多雨气候及肥沃湿润土壤。南洋楹原产热带，适宜生长在高温多湿的环境，年平均气温25~27℃，年降水量2000~3000mm。

原产于新几内亚岛。中国广东、广西、福建等地均有栽培，多植作庭园树和行道树。

南洋楹毕竟是一个热带树种，虽然在广东地区已引栽培60多年，有一定的耐寒性，但霜冻期连续10天以上，则幼林会受冻害。20世纪90年代初，粤东某地有一外商投资营造南洋楹速生丰产林，造林逾万亩，由于造林当年霜冻连续时间长，幼林几乎全部冻死，经济损失极为惨重。

南洋楹植株枝叶景观

南洋楹花序

南洋楹树干

南洋楹行道树

南洋楹风景树

129 紫荆 *Cercis chinensis*

豆科 紫荆属

古来惟闻棠棣咏，后人又感紫荆奇。
先叶开花串串紫，惊的诗人起兴来。

落叶乔木或灌木，高2~5m。树皮和小枝灰白色。叶纸质，近圆形或三角状圆形，长5~10cm，宽与长相等，或略短于长，先端急尖，基部浅至深心形，两面通常无毛，嫩叶绿色，仅叶柄略带紫色；叶缘膜质透明，新鲜时明显可见。花紫红色或红色，2~10余朵成束，簇生于老枝和主干上，尤以主干上花束较多；越到上部幼嫩枝条则花越少；嫩枝或幼株上的花则与叶同时开放，花长1~1.3cm；花梗长3~9mm；龙骨瓣基部具深紫色斑纹；子房嫩绿色，花蕾时光亮无毛，后期则密被短柔毛，有胚珠6~7颗。

性喜光照，有一定的耐寒性。喜肥沃、排水良好的土壤，不耐淹。萌蘖性强，耐修剪。

我国北至河北，南至广东、广西；西至云南、四川，东至浙江、江苏和山东等省区均有栽培。

紫荆是常见的园林花木，盛花满枝紫红艳丽，于枝干丛生；叶大花繁，早春先花后叶，形似彩蝶，密密层层，满树嫣红。多植于庭园、屋旁、街边。紫荆宜栽草坪、岩石及建筑物前，用于小区的园林绿化，具有较好的观赏效果。

紫荆花枝

紫荆花形

山东崂山紫荆盛花景观

紫荆果实

不定芽形成花簇

130 红花羊蹄甲 豆科 羊蹄甲属

Bauhinia blakeana

杂英纷已积，含芳独暮春；

还如故园树，忽忆故园人。

——唐·韦应物《见紫荆花》

常绿乔木，树高6~10m。叶革质，圆形或阔心形，长10~13cm，宽略超过长，顶端二裂，状如羊蹄，裂片约为全长的1/3，裂片端圆钝。总状花序或有时分枝而呈圆锥花序状；花红色或红紫色；花大如掌，10~12cm；花瓣5，其中4瓣分列两侧，两两相对，而另一瓣则翘首于上方，形如兰花状；花香，有近似兰花的清香，故又被称为"兰花树"。花期11月至翌年4月。

性喜温暖湿润、多雨的气候及阳光充足的环境；喜土层深厚。

广泛分布于中国福建、广东、海南、广西、云南等地区。越南、印度亦有分布。

该物种是美丽的观赏树木，花大，紫红色，盛开时繁花满树。终年常绿繁茂，颇耐烟尘，特适于作行道树。花期长，每年10月底始花，至翌年4月终花，长达半年以上。

1995年红花羊蹄甲正式被定为香港市花。1997年中华人民共和国香港特别行政区继续采纳紫荆花作为区徽、区旗及硬币的设计图案。

福州红花羊蹄甲盛花景观

红花羊蹄甲花序

红花羊蹄甲枝叶

红花羊蹄甲果实

131 皂荚 *Gleditsia sinensis*

豆科 皂荚属

别称：皂角

满树棘刺富野趣，果实浸水可涤衣。

落叶乔木，树高达20m。树枝常有棘刺，圆柱形，常分支，有时再分小枝；刺端锐尖，基部扁圆柱状，全长约10cm或更长，基部直径0.8~1.2cm，表面紫棕色或红棕色。羽状复叶互生，小叶6~16，卵形至长卵形，长3~8cm，宽1~2cm，先端尖，基部楔形，边缘有细齿。总状花序腋生及顶生，花杂性；花萼4裂；花瓣4，淡黄色；雄蕊6~8；子房沿缝线有毛。荚果扁长条状，紫棕色，有时被白色蜡粉；果实呈剑鞘状，略弯曲；长100~400mm，宽约40mm，厚10~15mm；表面红褐色，被灰色粉霜；种子多数，扁椭圆形，黄棕色，光滑，质硬。花期5月，果期10月。

性喜光而稍耐阴，喜温暖湿润气候及肥沃土壤；亦耐寒冷和干旱，对土壤要求不严。

主产于山东、河南、江苏、湖北、广西、安徽等地。多生于路旁、沟旁、宅旁。

皂荚冠大荫浓，寿命较长，非常适宜作庭荫树及四旁绿化树种。

皂荚枝刺

皂荚叶形

泰山皂荚景观

皂荚花形

皂荚果实

132 山皂荚 *Gleditsia japonica*

豆科 皂荚属

别称：山皂角

枝刺粗壮野趣浓，穷山僻壤能安家。

落叶乔木，高达20m，胸径达60cm。小枝绿褐色至赤褐色，枝上有较粗壮刺、略扁且分枝。偶数羽状复叶，互生，小叶3~10对，长椭圆形，长1.5~4cm。穗状花序，雌雄异株。花瓣黄绿色。荚果薄、扁平且扭曲（前皂荚种中荚果形状不扭曲，此为二种皂荚区别）。花期6~7月，果期9~10月。

喜光，喜土层深厚，耐干旱，耐寒，耐盐碱，适应性强。

主产于辽宁、河北、山东、河南、江苏、安徽、浙江、江西、湖南等地。多生于向阳山坡。

山皂荚冠大浓荫，可作庭荫树及行道树。也可作防护林及树篱、树障。

近些年来，城市绿化的人盯上了该树种，拿来作四旁绿化树种。目前，野生的，形态周正、大小合适的都挖走了。想都想不到，这种浑身长刺，看了让人躲得远远的"丑八怪"如今能获得"绿卡"，大批地"移民"到大城市。荚果煎汁可代肥皂，最宜洗涤丝绸、毛织品。

济南植物园山皂荚景观

山东泗水县山皂荚景观

山皂荚弯曲果实

山皂荚枝刺

133 凤凰木 *Delonix regia*

豆科 凤凰木属

叶如飞凰之羽，花若凤凰之冠。

落叶乔木，高可达20 m，树冠宽广。二回羽状复叶，小叶长椭圆形。夏季开花，总状花序，花大，红色，有光泽。荚果木质，长可达50 cm。凤凰木为热带树种，种植6~8年开始开花。

喜高温多湿和阳光充足环境，生长适温20~30℃；不耐寒，冬季温度不可低于10℃。以深厚肥沃、富含有机质的砂质壤土为宜；怕积水。较耐干旱、瘠薄土壤。

原产于非洲马达加斯加。中国台湾、海南、福建、广东、广西、云南等省区有引种栽培。

凤凰木树冠高大，花期花红叶绿，满树如火，富丽堂皇，是著名的热带观赏树种。凤凰木因鲜红或橙色的花朵配合鲜绿色的羽状复叶，被誉为世上最色彩鲜艳的树木之一。在我国南方城市的植物园和公园栽种颇盛，广泛作为观赏树或行道树。凤凰木是非洲马达加斯加共和国的国树，也是福建厦门市、台湾台南市、四川攀枝花市、广东汕头市的市花，还是汕头大学、厦门大学的校花。

凤凰木行道树

凤凰木枝叶

凤凰木花形

厦门大学凤凰木下景观

花下倾谈

134 云实 豆科 云实属

Caesalpinia decapetala

山中草木俱不同，云实黄花露葱茏。

云实花序

云实复叶

云实果实

落叶灌木或小乔木，高达8m。二回羽状复叶长20~30cm；羽片3~10对，对生，具柄，基部有刺1对；小叶8~12对，膜质，长圆形，长10~25mm，宽6~12mm，两端近圆钝，两面均被短柔毛，老时渐无毛。总状花序顶生，直立，长15~30cm，具多花；总花梗多刺；花梗长3~4，被毛，在花萼下具关节，故花易脱落；萼片5，长圆形，被短柔毛；花瓣黄色，膜质，圆形或倒卵形，长10~12mm，盛开时反卷。荚果长圆状舌形，长6~12cm，宽2.5~3cm，脆革质，栗褐色；种子6~9颗，椭圆状，长约11mm，宽约6mm，种皮棕色。花果期4~10月。

性喜光，耐半阴；在肥沃、排水良好的微酸性壤土中生长为佳。耐修剪，适应性强，抗污染。

主产于广东、广西、云南、四川、贵州、湖南、湖北、江西、福建、浙江、江苏、安徽、河南、河北、陕西、甘肃等省区。

初夏开花，花鲜黄色，供观赏并作绿篱，颇具观赏价值。

我国南海云实树景观

135 国槐 *Sophora japonica*

蝶形花科 槐属

月映东窗似玉轮，未央前殿绝声尘。

宫槐花落西风起，鹦鹉惊寒夜唤人。

——唐·鲍溶《汉宫词二首》

落叶乔木，高达25m。树皮灰褐色，具纵裂纹。当年生枝绿色，无毛。羽状复叶长达25cm；叶轴初被疏柔毛，旋即脱净；叶柄基部膨大，包裹着芽；托叶形状多变，有时呈卵形，叶状，有时线形或钻状，早落；小叶4~7对，对生或近互生。圆锥花序顶生，常呈金字塔形，长达30cm；花梗比花萼短；小苞片2枚，形似小托叶；花萼浅钟状，长约4mm，萼齿5，近等大；花冠白色或淡黄色，旗瓣近圆。荚果串珠状，长2.5~5cm或稍长，径约10mm，种子间缢缩不明显，种子排列较紧密，具肉质果皮。

此树适应性很强，耐干旱瘠薄，耐寒，可适生于各类土壤条件。

国槐分布区极广，我国南北各地多见栽培。

该树种绿荫如盖，在中国北方多用作庭荫树及行道树。如配植于公园、建筑四周、街坊住宅区及草坪上，也极相宜。国槐对二氧化硫、氯气等有毒气体有较强的抗性，也可以选作工矿区绿化树种。国槐在我国园林绿化中占有极重要的地位，素有“南樟北槐”之说。

泰山脚下五月槐花香

泰山岱庙古槐曦影

国槐行道树雪景

国槐花形

136 刺槐 *Robinia pseudoacacia*

蝶形花科 刺槐属

满树白花挂，香随春风来。

蜂勤寻蜜粉，妇巧借食材。

落叶乔木，高10~25m。树皮灰褐色至黑褐色，浅裂至深纵裂，稀光滑。树叶基部有一对1~2mm长的刺。花为白色，有香味，穗状花序。果实为荚果，每个果荚中有4~10粒种子。荚果褐色，或具红褐色斑纹，带状长圆形，长5~12cm，宽1~1.3（~1.7）cm，扁平，先端弯。种子褐色至黑褐色，微具光泽，近肾形，长5~6mm，宽约3mm，种脐圆形，偏于一端。花期4~6月，果期8~9月。

性喜光，不耐庇荫。在年平均气温8~14℃，年降水量500~900mm的地方生长良好；有一定的抗旱能力；在中性土、酸性土、含盐量在0.3%以下的盐碱性土上都可以正常生长；在积水、通气不良的黏土上生长不良，甚至死亡。萌芽力和根蘖性都很强。

原产于美国。中国于18世纪末从欧洲引入青岛栽培，现中国各地广泛栽植。我国北起黑龙江，南至广西、广东都常见栽培。其中以黄河流域、淮河流域栽培较集中，生长旺盛。

刺槐树冠高大，叶色鲜绿，每当花季绿白相映，素雅而芳香。可作为行道树、庭荫树。冬季落叶后，枝条疏朗向上，很像剪影，造型颇具国画之韵味。

山野刺槐行道树景观

山东泰安徂徕山盛花刺槐行道树景色

泰山刺槐林景观

刺槐花

刺槐果实

137 毛刺槐 *Robinia hispida*

蝶形花科 刺槐属

八月白露降，槐叶次第黄。
枝条长满刺，奇妙供观赏。

落叶灌木，高1~3m。幼枝密被紫红色硬腺毛及白色曲柔毛，二年生枝密被褐色刚毛。叶轴被刚毛及白色短曲柔毛，上有沟槽，小叶5~7（~8）对，椭圆形、卵形、阔卵形至近圆形。总状花序腋生，花3~8朵；花冠红色至玫瑰红色，花瓣具柄，旗瓣近肾形。雄蕊二体，花药椭圆形，子房近圆柱形，密布腺状突起，沿缝线微被柔毛，柱头顶生，胚珠多数，荚果线形，果颈短，有种子3~5粒。花期5~6月，果期7~10月。

性喜光，在过荫处多生长不良；耐寒性较强；喜排水良好的砂质壤土，有一定的耐盐碱力。

原产于北美洲。广泛分布于中国东北南部、华北、华东、华中、西南等地区。

树冠浓密，花大，刺繁，色彩艳丽，芳香浓郁。适于孤植、列植、丛植在疏林、草坪、公园、高速公路及城市主干道两侧。它可与不同季节开花的植物分别组景，构成十分稳定的底色或背景，提升观赏效果。

毛刺槐枝叶刺毛景观

毛刺槐枝叶

毛刺槐植株

毛刺槐花序

138 黄檀 *Dalbergia hupeana*

蝶形花科 黄檀属

别称：不知春

春风一夜百花开，唯有黄檀不知春。

黄檀花序

黄檀枝叶

落叶乔木，树高达15m。树皮暗灰，羽状复叶。圆锥花序，花冠淡紫色或白色。荚果长圆形或阔舌状。花果期5~10月。

性喜光，耐干旱瘠薄，不择土壤，但以在深厚湿润、排水良好的土壤生长较好；忌盐碱地；深根性，萌芽力强。具根瘤，能固氮，是荒山、荒地理想的先锋造林树种。

主产于山东、江苏、安徽、浙江、江西、福建、湖北、湖南、广东、广西、四川、贵州、云南等地。平原及山区均可生长。多生于山地林中或灌丛中，山沟溪旁及有疏林的坡地常见。

晚春开花烂漫，气味芬芳，颇具观赏价值。可作庭荫树、风景树、行道树应用。适应性强，可作为石灰质山区先锋绿化树种。花香味浓，开花能吸引大量蜂蝶，也可放养紫胶虫。

黄檀果实

泰山黄檀秋色景观

139 鱼鳔槐

Colutea arborescens

蝶形花科 鱼鳔槐属

花色艳黄夺人目，荚果胀大似鱼鳔。

落叶灌木，高1~4m。小枝白色伏毛。羽状复叶有13片小叶，长6~15cm，叶轴上面具沟槽；托叶三角形、披针状三角形至披针状镰形，长2~3mm，被白色柔毛。总状花序长达5~6cm，生6~8花；苞片卵状披针形，长2mm，先端钝尖，与花梗同被黑褐色或白色疏短伏毛。荚果长卵形，长6~8cm，宽2~3cm，两端尖，带绿色或近基部稍带红色，稀毛至近无毛。种子扁，近黑色至绿褐色。花期5~7月，果期7~10月。

适应性较强，有一定耐寒、耐干旱、耐瘠薄能力；忌土壤涝洼。

原产于欧洲。我国辽宁（大连）、北京、山东（青岛）、陕西（武功）、江苏（南京）等地有引种栽培。

鱼鳔槐花色艳黄，果形奇特，颇具野趣。园林常应用于花坛、花境中作配衬植物，观赏性较高。

鱼鳔槐果实

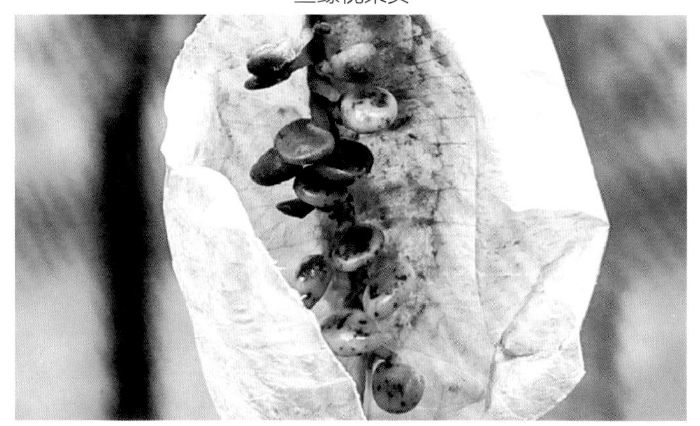

鱼鳔槐种子

鱼鳔槐植株景观

鱼鳔槐花序

140 花木蓝 *Indigofera kirilowii*

蝶形花科 木蓝属

花色鲜艳飘芬香，山坡野地是故乡。

花木蓝植株

落叶小灌木，高30~50cm。茎圆柱形，无毛，幼枝有棱，疏生白色丁字毛。羽状复叶长6~15cm；叶柄长1~2.5cm，叶轴背面略扁平，有浅槽，被毛或近无毛；托叶披针形，长4~6mm；小叶3~5对，对生，阔卵形、卵状菱形或椭圆形，长1.5~4cm，宽1~2.3cm，先端圆钝或急尖，具长的小尖头。总状花序长5~12（~20）cm，疏花；总花梗长1~2.5cm，花序轴有棱，疏生白色丁字毛；苞片线状披针形。荚果棕褐色，圆柱形，长3.5~7cm，径约5mm，无毛。内果皮有紫色斑点，有种子10余粒；果梗平展；种子赤褐色，长圆形，长约5mm，径约2.5mm。花期5~7月，果期8月。

适应性强，耐贫瘠，耐干旱，抗病性较强，也较耐水湿，对土壤要求不严。常生于山坡灌丛及疏林内或岩缝中。

主产于吉林、辽宁、河北、山东、江苏（连云港）等地。朝鲜、日本也有分布。

花木蓝为北方稀有夏花植物，花色鲜艳，花量大，有芳香，花期长达50~60天。宜作花篱，也适于作公路、铁路、护坡、路旁绿化。还是花坛、花境优良材料。

花木蓝盛花植株

花木蓝花序

花木蓝枝叶

141 锦鸡儿
Caragana sinica

蝶形花科 锦鸡儿属

耐旱耐瘠石缝扎，大江南北闯天下。

落叶灌木，高1~2m。树皮深褐色。小枝有棱，无毛。托叶三角形，硬化成针刺，长5~7mm；叶轴脱落或硬化成针刺，针刺长7~15mm；小叶2对，羽状，厚革质或硬纸质，倒卵形或长圆状倒卵形，长1~3.5cm，宽5~15mm，先端圆形或微缺，具刺尖或无刺尖。花单生，花梗长约1cm，中部有关节；花冠黄色，常带红色，长2.8~3cm，旗瓣狭倒卵形，具短瓣柄，翼瓣稍长于旗瓣，瓣柄与瓣片近等长，耳短小，龙骨瓣宽钝；子房无毛。荚果圆筒状，长3~3.5cm，宽约5mm。花期4~5月，果期7月。

性喜光，常生于山坡向阳处。根系发达，具根瘤，抗旱耐瘠，能在山石缝隙处生长。忌湿涝。萌芽力、萌蘖力均强，能自然播种繁殖。在深厚肥沃湿润的砂质壤土中生长更佳。

分布于河北、山东、陕西、江苏、浙江、安徽、江西、湖北、湖南、四川、贵州、云南等地。其中多见于长江流域及华北地区的丘陵、山区的向阳坡地。

锦鸡儿枝叶秀丽，花色鲜艳，在园林绿化中可孤植、丛植于路旁、坡地或假山岩石旁，也可用来制作盆景。

锦鸡儿花枝

锦鸡儿果实

锦鸡儿枝叶

锦鸡儿花序

142 金雀儿 蝶形花科 金雀儿属

Cytisus scoparius

繁花似锦惹人爱，花开艳黄飞金雀。

落叶灌木，高达0.8~2m。小枝细长，有棱；长枝上托叶刺宿存，叶轴刺脱落或宿存。复叶互生，小叶4cm，呈掌状排列，楔状倒卵形，长1~2.5cm，先端圆或微凹，具短刺尖，背面无毛。花单生，橙黄带红色，谢时变紫红色，旗瓣狭长，萼筒常带紫色。4~5月开花。

喜光，耐寒，耐干旱瘠薄。浇水掌握“不干不浇，浇则浇透”的原则。冬季休眠期可施一次液肥；春季开花前浇一次液肥，可延长花期；花开后，再施一次追肥，催使其枝叶生长，平时适量施以薄肥即可。

原产于欧洲、亚洲西部。主产于我国北部或东北部；多生于山坡或灌丛中。

花多为黄色或金黄色，形状酷似雀儿，故名金雀儿。极富野趣，颇有观赏价值，可植于园林、庭园观赏。

金雀儿花枝

金雀儿枝叶

金雀儿花形

泰山脚下金雀儿盛花景观

143 中华垂花胡枝子 蝶形花科 胡枝子属
Lespedeza penduliflora

姿态柔美花繁多，条条花枝往下垂。

落叶灌木，高1~2m。枝细长。三出复叶互生，小叶长椭圆形，长3~5cm，两端尖，幼叶背面及叶柄有毛。花深红色，长1.5~1.8cm，花萼裂片长尖；总状花序长而下垂。花期8~9月。

适应性较强，耐旱，耐高温，耐酸性土，耐土壤贫瘠，也较耐荫蔽。在产地多散生，但有时在森林火烧或砍伐迹地上，成为优势种，形成灌木群落。根系有根瘤，因而耐土壤贫瘠。它在土层脊瘠的山坡、砾石的缝隙中能正常生长。

原种产于日本和中国。目前江苏和浙江等长江流域多见栽培。

该种姿态优美，花开繁多而柔垂，花色艳丽，沪杭一带常植于庭园观赏。

中华垂花胡枝子植株景观

中华垂花胡枝子花枝

济南植物园中华垂花胡枝子景观

中华垂花胡枝子花形

144 紫藤 *Wisteria sinensis*

蝶形花科 紫藤属

繁花满树尽葱茏，根蔓腾空荡春风。

泰山岱庙紫藤架

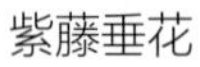

紫藤垂花

紫藤盘根

落叶攀援性大藤本，树高2~4m。干皮深灰色，不裂。茎右旋，枝较粗壮，嫩枝被白色柔毛。冬芽卵形。奇数羽状复叶，长15~25cm；托叶线形，早落；小叶3~6对，纸质，卵状椭圆形至卵状披针形；小叶柄长3~4mm，被柔毛；小托叶刺毛状，长4~5mm，宿存。总状花序长15~30cm，径8~10cm，花序轴被白色柔毛；花长2~2.5cm，芳香；花冠紫色，旗瓣圆形，先端略凹陷；花柱无毛，上弯，胚珠6~8粒；荚果倒披针形，长10~15cm，宽1.5~2cm，密被绒毛，不脱落。花期4~5月，果期5~8月。

性喜光，较耐阴。耐旱；耐寒；在土层深厚、排水良好、向阳避风的地方栽培最适宜。

主产于黄河、长江流域及陕西、河南、广西、贵州、云南等地。

紫藤先叶开花，紫穗满垂，缀以稀疏嫩叶，十分优美。一般应用于园林棚架，春季紫花烂漫，别有情趣。

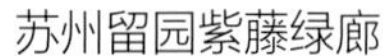

苏州留园紫藤绿廊

紫藤花序

145 常春油麻藤 *Mucuna sempervirens*

蝶形花科 黧豆属

树干挺拔入云，满树花果玲珑。

常绿木质藤本，藤茎可长达25m，老茎直径可达30cm。羽状复叶，叶长21~39cm；托叶脱落；叶柄长7~16.5cm；侧生小叶极偏斜，长7~14cm，无毛；侧脉4~5对，在两面明显，下面凸起；小叶柄长4~8mm，膨大。总状花序生于老茎上，长10~36cm，每节上有3花，花梗长1~2.5cm，具短硬毛；花萼密被暗褐色伏贴短毛，萼筒宽杯形；花冠深紫色；雄蕊管长约4cm，花柱下部和子房被毛。果木质，带形，长30~60cm，宽3~3.5cm，厚1~1.3cm；种子间缢缩，近念珠状。种子5~12颗，内部隔膜木质；扁长圆形。花期4~5月，果期8~10月。

耐阴，喜光、喜温暖湿润气候；适应性强，耐寒，耐干旱和耐瘠薄，对土壤要求不严。

产于中国四川、贵州、云南、陕西南部（秦岭南坡）、湖北、浙江、江西、湖南、福建、广东、广西等地。

常春油麻藤是园林价值较高的垂直绿化藤本植物，利用常春油麻藤可以保护墙面，遮掩垃圾场所、厕所、车库、水泥墙、护坡、阳台、栅栏、花架、绿篱、凉棚、屋顶等不便绿化的地方。

上海常春油麻藤植株景观

常春油麻藤地被景观

常春油麻藤叶形

常春油麻藤花序

146 胡颓子

胡颓子科 胡颓子属

Elaeagnus pungens

身披银甲闪闪亮，不畏艰难闯四方。

常绿灌木，高3~4m。枝具刺，刺顶生或腋生，长20~40mm，有时较短，深褐色。幼枝微扁棱形，密被锈色鳞片。叶革质，椭圆形或阔椭圆形，稀矩圆形，长5~10cm，宽1.8~5cm，两端钝形或基部圆形，边缘微反卷或皱波状，上面幼时具银白色和少数褐色鳞片。果核内面具白色丝状棉毛；花期9~12月，果期次年4~6月。

喜光，耐阴。抗寒力比较强，在华北南部可露地越冬，能忍耐－8℃左右的绝对低温。耐高温酷暑。对土壤要求不严，在中性、酸性和石灰质土壤上均能生长，耐干旱和瘠薄，特耐盐碱，不耐水涝。

主产于江苏、浙江、福建、安徽、江西、湖北、湖南、贵州、广东、广西等地。多生于山地杂木林内和向阳沟谷旁。

胡颓子株形自然，全株被银白色或褐色鳞片或星状绒毛；红果下垂，野趣横生，适于草地丛植，也用于林缘、树群外围作自然式绿篱。

济南植物园胡颓子球景观

胡颓子花序

胡颓子果序

胡颓子叶背

147 沙枣

胡颓子科 胡颓子属

Elaeagnus angustifolia

扶耧慢耩布黄糜，沙枣花香泛异菲。

立夏尝新春黍米，油糕热酒待夫归。

落叶乔木或小乔木，高5~10m。枝无刺或具刺，刺长30~40mm，棕红色，发亮。幼枝密被银白色鳞片，老枝鳞片脱落，红棕色，光亮。叶薄纸质，矩圆状披针形至线状披针形，顶端钝尖或钝形，基部楔形，全缘，上面幼时具银白色圆形鳞片；下面灰白色，密被白色鳞片，有光泽；侧脉不甚明显。果实椭圆形，粉红色，密被银白色鳞片；果肉乳白色，粉质；果梗短，粗壮。花期5~6月，果期9月。

性具抗旱、抗风沙、耐盐碱、耐贫瘠等特点。天然沙枣只分布在降水量低于150mm 的荒漠和半荒漠地区。对硫酸盐土适应性较强，对氯化物则抗性较弱。在硫酸盐土全盐量1.5% 以下时可以生长。

沙枣在中国主要分布在西北各省区和内蒙古西部。少量分布于华北北部、东北西部。

沙枣根蘖性强，能保持水土，抗风沙，防止干旱，调节气侯，改良土壤，常用来营造防护林、防沙林、用材林和风景林。在新疆为保证农业稳产丰收具有重大意义。

沙枣枝叶

沙枣花枝

沙枣果实

北京植物园沙枣树景观

沙枣古树

148 沙棘 *Hippophae rhamnoides*

胡颓子科 沙棘属

敢生瘠土共沙丘，圣果食之可长寿。
塞外天涯创奇迹，莫说平淡无所求。

宁夏银川植物园沙棘植株

落叶灌木，树高达5m。枝干棘刺较多，粗壮，顶生或侧生。嫩枝褐绿色，密被银白色而带褐色鳞片或有时具白色星状柔毛；老枝灰黑色，粗糙；芽大，金黄色或锈色。单叶通常近对生，纸质，狭披针形或矩圆状披针形，长30~80mm，宽4~10（~13）mm，初被白色盾形毛或星状柔毛，下面银白色或淡白色；叶柄极短。果实圆球形，直径4~6mm，橙黄色或橘红色。花期4~5月，果期9~10月。

喜光，耐寒，耐酷热，耐旱、抗风沙，对土壤适应性强，可以在盐碱化土地上生存。

主产于河北、内蒙古、山西、陕西、甘肃、青海、川西等地。常生于海拔800~3600m温带地区向阳的山嵴、谷地、干涸河床地或山坡。中国黄土高原极为普遍。

沙棘树形飘洒，枝叶苍茫，累累果实金黄，野趣横生，颇具观赏价值，是我国西部黄土高原水土保持的首选树种。沙棘在中国被称为“圣果”“维C之王”。

沙棘果枝

硕果累累

149 紫薇 *Lagerstroemia indica*

千屈菜科 紫薇属

别称：百日红

谁道花无红十日，紫薇长放半年花。

——宋·杨万里《紫薇》

落叶灌木或小乔木，高可达7m。树皮平滑，灰色或灰褐色。枝干多扭曲，小枝纤细。叶互生或有时对生，纸质，椭圆形、阔矩圆形或倒卵形。花色玫红、大红、深粉红、淡红色或紫色、白色等，直径3~4cm，常组成7~20cm的顶生圆锥花序；花梗长3~15mm，中轴及花梗均被柔毛；花萼长7~10mm，花瓣6，皱缩，长12~20mm，具长爪；雄蕊36~42；子房3~6室，无毛。蒴果椭圆状球形或阔椭圆形，长1~1.3cm，幼时绿色至黄色，成熟时或干燥时呈紫黑色，室背开裂。花期6~9月，果期9~12月。

喜暖湿气候，喜光，略耐阴，耐寒，喜肥，尤喜深厚肥沃的砂质壤土，好生于略有湿气之地，亦耐干旱；忌涝，忌种在地下水位高的低湿地方。

主产于中国广东、广西、湖南、福建、江西、浙江、江苏、湖北、河南、河北、山东、安徽、陕西、四川、云南、贵州及吉林等地。

紫薇花色鲜艳美丽，花期长，寿命长，为优秀的观花树木，在我国园林绿化中广泛应用。

泰山脚下盛花紫薇景观

紫薇花形

紫薇树干

北京植物园紫薇冬态景观

150 结香 瑞香科 结香属

Edgeworthia chrysantha

娇软香甜连喜枝，低头犹梦鹊桥思。

邻家小妹行经早，打个花结诉爱痴。

济南趵突泉公园结香景观

结香初花

结香终花

结香生长季景观

落叶灌木，高达1.5m。小枝粗壮，褐色，常作三叉分枝；幼枝常被短柔毛；韧皮极坚韧；叶痕大，直径约5mm。叶长圆形、披针形至倒披针形，先端短尖，基部楔形或渐狭。头状花序顶生或侧生，具花30~50朵成绒球状，外围以10枚左右被长毛而早落的总苞；花序梗长1~2cm，被灰白色长硬毛；花芳香，无梗，花萼长约1.3~2cm，宽约4~5mm，外面密被白色丝状毛，内面无毛，黄色，顶端4裂；雄蕊8，分为2列；花药近卵形。长约2mm；花柱线形，长约2mm，无毛，柱头棒状，长约3mm，具乳突；花盘浅杯状，膜质，边缘不整齐。果椭圆形，绿色，长约8mm，直径约3.5mm，顶端被毛。花期冬末春初，果期春夏间。

喜温暖气候，但亦能耐－20℃以内的低温。在北京以南可在室外越冬，只是冬季在－10~－20℃的地方，花期要推迟至3~4月；冬季低于－20℃的地方，只能盆栽，冬季入室置于南向窗台即可。

主产于河南、山东、陕西及长江流域以南诸省区。

结香树冠球形，枝叶美丽，宜栽在庭园或盆栽观赏。适植于庭前、路旁、水边、石间、墙隅。北方多盆栽观赏。枝条柔软，弯之可打结而不断，可拧成各种形状观赏。

151 白千层 *Melaleuca leucadendron*

桃金娘科 白千层属

魁梧树干拔地起，身着素装千层衣。

落叶乔木，高18m。树皮灰白色，呈薄层状剥落。嫩枝灰白色。叶互生，披针形或狭长圆形，两端尖，香气浓郁；叶柄极短。花白色，密集于枝顶成穗状花序，花序轴常有短毛；萼管卵形，有毛或无毛，圆形或卵形，花柱线形，比雄蕊略长。蒴果近球形，直径5~7mm。花期每年多次。

喜温暖潮湿环境，要求阳光充足；适应性强，能耐干旱、高温及瘠瘦土壤，亦可耐轻霜及短期0℃左右低温。对土壤要求不严。

原产于澳大利亚。中国广东、台湾、福建、广西等地均有栽种。

白千层树皮白色，美观，并具芳香，可作屏障树或行道树。常植为风景树。树皮易引起火灾，不宜于大片造林。白千层是一种奇妙的树，树皮一层层的，仿佛要脱掉旧衣换新衣一般。白千层的皮能写字，还能够当橡皮用。白千层的花也奇特，满树的花活像千万只的小毛刷。

白千层枝叶

白千层花序

福州白千层行道树景观

白千层树皮

152 石榴 石榴科 石榴属

Punica granatum

浓绿万枝红一点，动人春色不须多。

——宋·王安石《咏石榴花》

落叶乔木或灌木，高达6m。单叶，通常对生或簇生，无托叶。花顶生或近顶生，单生或几朵簇生或组成聚伞花序，近钟形，裂片5~9，花瓣5~9，多皱褶，覆瓦状排列；胚珠多数。浆果球形，顶端有宿存花萼裂片；果皮厚；种子多数，浆果近球形，可食。果熟期9~10月。

喜温暖向阳的环境，耐旱，耐寒，也耐瘠薄；不耐涝和荫蔽。对土壤要求不严，但以排水良好的夹砂土栽培为宜。

原产于巴尔干半岛至伊朗及其邻近地区。现中国南北各地均有栽培；以江苏、河南及山东等地栽培面积较大。

石榴树姿优美，枝叶秀丽，初春嫩叶翠绿，婀娜多姿；盛夏繁花似锦，色彩鲜艳；秋季累果悬挂，颇具观赏价值。或孤植或丛植于庭园、游园之角，对植于门庭之出处，列植于小道、溪旁、坡地、建筑物之旁，效果均佳。也宜作各种盆景和插花观赏。

泰山脚下石榴树秋色

孪生

泰山红石榴

石榴花

153 喜树 *Camptotheca acuminata*

蓝果树科 喜树属

树干挺拔入云，满树花果玲珑。

落叶大乔木，高达20m。树皮灰色或浅灰色，纵裂成浅沟状。小枝圆柱形，平展；当年生枝紫绿色，有灰色微柔毛；多年生枝淡褐色或浅灰色。冬芽腋生，锥状。叶互生，纸质，矩圆状卵形或矩圆状椭圆形，长12~28cm，宽6~12cm，顶端短锐尖，基部近圆形或阔楔形，全缘。头状花序近球形，直径1.5~2cm，常由2~9个头状花序组成圆锥花序，顶生或腋生；通常上部为雌花序，下部为雄花序；花萼杯状，5浅裂；花瓣5枚，淡绿色，矩圆形或矩圆状卵形，顶端锐尖。翅果矩圆形，长2~2.5cm，顶端具宿存的花盘，两侧具窄翅，幼时绿色，干燥后黄褐色，着生成近球形的头状果序。花期5~7月，果期9月。

喜光，不耐严寒、干燥。深根性，萌芽率强。较耐水湿；在酸性、中性、微碱性土壤均能生长；在石灰岩风化土及冲积土上生长良好。

主产于江苏南部、浙江、福建、江西、湖北、湖南、四川、贵州、广东、广西、云南等省。在四川西部成都平原和江西东南部均较常见。

目前，喜树在我国已广泛普及为优良的行道树和庭荫树。喜树的树干挺直，生长迅速，可栽培为园林风景树，颇具观赏价值。

青岛中山公园喜树景观

喜树枝叶

喜树花序

喜树果实

154 珙桐 *Davidia involucrata*

蓝果树科 珙桐属

历尽冰川千万重，子遗珙桐仍从容，
叶青叶落身姿美，花开满树使人惊。

四川平武珙桐神树

落叶乔木，高达25m，胸径达1m。树皮深灰色或深褐色，常裂成不规则的薄片而脱落。幼枝圆柱形，当年生枝紫绿色，无毛，多年生枝深褐色或深灰色。两性花与雄花同株，由多数的雄花与1个雌花或两性花形成近球形的头状花序，直径约2cm，着生于幼枝的顶端；两性花位于花序的顶端，雄花环绕于其周围，基部具纸质、矩圆状卵形或矩圆状倒卵形花瓣状的苞片2~3枚，长7~15cm，形似鸽子双翅，初淡绿色，继变为乳白色。果梗粗壮，圆柱形。花期4月，果期10月。

性喜阴湿，成年树趋于喜光。不耐寒，不耐瘠薄，不耐干旱。幼苗生长缓慢。

在中国，珙桐分布广泛。“珙桐之乡”的珙县王家镇分布着数量众多的珙桐。其他分布于陕西东南部镇坪、岚皋，湖北西部至西南部神农架、兴山、巴东，湖南西北部桑植等地。

珙桐为世界著名的珍贵活化石观赏树，常植于池畔、溪旁及疗养所、宾馆、展览馆附近，并有和平的象征意义。

珙桐花序

珙桐花枝

珙桐果实

湖北山区珙桐树景观

155 红瑞木 *Swida alba*

山茱萸科 梾木属

枝椏稀有红彤彤，果实雪白亮莹莹。

落叶灌木，树高达5m。老干暗红色，枝椏血红色。叶对生，椭圆形。聚伞花序顶生，花乳白色。果实乳白或蓝白色。花期5~6月，果成熟期8~10月。

红瑞木喜欢潮湿温暖的生长环境，适宜的生长温度是22~30℃，喜光照充足。喜肥，在排水通畅，养分充足的环境，生长速度非常快。夏季注意排水。冬季在北方有些地区容易冻害。

产于黑龙江、吉林、辽宁、内蒙古、河北、陕西、甘肃、青海、山东、江苏、江西等省区。生于海拔600~1700m（在甘肃可高达2700m）的杂木林或针阔叶混交林中。朝鲜、俄罗斯及欧洲其他地区也有分布。

红端木秋叶鲜红，小果洁白，落叶后枝干红艳，是少有的观茎植物，观赏价值甚高。园林中多丛植草坪或与常绿乔木相间种植，获得红绿相映之效果。

红瑞木植株景观

红瑞木花序

红瑞木果序

冬季茎干

雪后雪景

156 毛梾木
Swida walteri

山茱萸科 梾木属

别称：车梁木

桃红柳绿春芳歇，满树芬芳数毛梾。

落叶乔木，高可达15m。树皮厚，黑褐色。冬芽腋生，扁圆锥形。叶片对生，纸质，先端渐尖，基部楔形，上面深绿色，下面淡绿色，密被灰白色贴生短柔毛，侧脉弓形内弯。聚伞花序顶生，花密，被灰白色短柔毛；花白色，有香味，花萼裂片绿色，齿状三角形，花瓣长圆披针形，花丝线形，花药淡黄色，花盘明显。核果球形，骨质，扁圆球形。花期5月，果期9月。

毛梾木性喜光，喜生于半阳坡、半阴坡。耐寒性较强。深根性树种，根系扩展，须根发达，萌芽力强，对土壤一般要求不严。

分布于中国辽宁、河北、山西南部以及华东、华中、华南、西南各省区。多生于海拔300~1800m的杂木林下。

毛梾木在园林绿化中有两种用途，一是行道树；二是景观树或者庭荫树。用作行道树的苗子定干高度应不低于2.8m，用作庭荫树或者景观树的苗子定干高度为2.2m即可。

泰山脚下毛梾木景观

毛梾木花序

毛梾木花形

毛梾木果实

157 灯台树
Bothrocaryum controversum

山茱萸科 灯台树属

白花素雅叶俏秀，大枝平伸若灯台。

落叶乔木，高达20m。树皮光滑，暗灰色或带黄灰色；枝开展，圆柱形。冬芽顶生或腋生，卵圆形或圆锥形，长3~8mm，无毛。叶互生，纸质，阔卵形、阔椭圆状卵形或披针状椭圆形，长6~13cm，宽3.5~9cm，先端突尖，基部圆形或急尖，全缘；中脉在上面微凹陷，下面凸出，微带紫红色，无毛；侧脉6~7对。伞房状聚伞花序，顶生，宽7~13cm。核果球形，直径6~7mm，成熟时紫红色至蓝黑色；核骨质，球形，直径5~6mm，略有8条肋纹，顶端有一个方形孔穴；果梗长约2.5~4.5mm，无毛。花期5~6月；果期7~8月。

喜温暖气候及半阴环境；适应性强，耐寒，耐热，生长快。宜在肥沃、湿润及疏松、排水良好的土壤上生长。

广泛分布于辽宁、河北、陕西、甘肃、山东、安徽、台湾、河南、广东、广西以及长江以南各省区。

树姿优美奇特，叶形秀丽，白花素雅，被称之为园林绿化珍品。是园林、公园、庭园、风景区等绿化、置景的佳选，也是优良的集观树、观花、观叶为一体的彩叶树种。

灯台树植株景观

灯台树花枝

灯台树果枝

158 山茱萸 *Cornus officinalis*

山茱萸科 山茱萸属

春风四月暖心头，喜庆生辰上小楼。

茱萸簪鬓清香逸，豆蔻妆裳素影留。

山东农业大学盛花山茱萸景观

落叶乔木或灌木，树高达8m。树皮灰褐色。小枝细圆柱形，无毛。叶对生，纸质，上面绿色，无毛，下面浅绿色。聚伞形花序生于枝侧，总苞片卵形，带紫色；总花梗粗壮，微被灰色短柔毛；花小，两性，先叶开放；花瓣舌状披针形，黄色，向外反卷；雄蕊与花瓣互生，花丝钻形，花药椭圆形；花盘无毛；花梗纤细。核果长椭圆形，红色至紫红色；核骨质，狭椭圆形。花期3~4月；果期9~10月。

暖温带阳性树种，生长适温为20~30℃，超过35℃则生长不良。抗寒性强，可耐短暂的-18℃低温，生长正常。

主产于中国山西、陕西、甘肃、山东、江苏、浙江、安徽、江西、河南、湖南等省。朝鲜、日本也有分布。

山茱萸先花后叶，小花金黄纷呈；秋季红果累累，绯红欲滴，艳丽悦目，为秋冬季观果佳品，应用于园林绿化很受欢迎。盆栽观果可达3个月之久，在花卉市场十分畅销。

山茱萸花枝

山茱萸树皮

山茱萸果实

山茱萸花序

159 四照花 *Dendrobenthamia japonica*

山茱萸科 四照花属

萼片先披三月雪，叶芽后伴四照花。
形如蝶舞随风摆，艳似荷莲弄水哗。

落叶小乔木，高5~9m。单叶对生，厚纸质，卵形或卵状椭圆形；叶柄长5~10mm，叶端渐尖，叶基圆形或广楔形，脉腋具黄褐色毛或白色毛。头状花序近球形，生于小枝顶端，具20~30朵花；花萼筒状；花盘垫状。果球形，紫红色；总果柄纤细，长5.5~6.5cm，果实直径1.5~2.5cm。花期5~6月，果期8~10月。

喜温暖气候和阴湿环境，适生于肥沃而排水良好的土壤。适应性强，能耐一定程度的寒、旱、瘠薄。

温带树种，主产于长江流域诸省及河南、陕西、甘肃等地。多生于海拔600~2200m的林内及阴湿溪边。

四照花树形美观、整齐，初夏开花，白色苞片覆盖全树，苞片美观而显眼，颇具观赏价值，微风吹动如同群蝶翩翩起舞，十分别致。秋季红果满树，能使人感受到硕果累累、丰收喜悦的气氛，是一种美丽的庭园观花、观果树种。

四照花花序

四照花花形

四照花果实

北京植物园四照花

160 洒金东瀛珊瑚

Aucuba japonica 'Variegata'

山茱萸科 桃叶珊瑚属 东瀛珊瑚变种

枝繁叶茂极耐阴，点点黄斑如洒金。

常绿灌木，树高1~1.5m，丛生。树皮初时绿色，平滑，后转为灰绿色。叶对生，肉革质，矩圆形，缘疏生粗齿牙，两面油绿而富光泽；叶面黄斑累累，酷似洒金。花单性，雌雄异株，为顶生圆锥花序，花紫褐色。核果长圆形，红色。

极耐阴，夏日阳光暴晒时会引起灼伤而焦叶。喜湿润、排水良好的肥沃的土壤。不甚耐寒。对烟尘和大气污染的抗性强。

原产于中国台湾及日本。中国长江中下游地区广泛栽培；华北地区多为盆栽。

枝繁叶茂，凌冬不凋，黄绿相映，十分美丽，是珍贵的耐阴灌木。宜配植于门庭两侧树下、庭园墙隅、池畔湖边和溪流林下。凡阴湿之处无不适宜。若配植于假山上，作花灌木的伴生树种；或作树丛林缘下层的地被树种，亦甚协调得体。适用于庭园观赏和盆栽。其枝叶也常用于瓶插。

洒金东瀛珊瑚造型景观

洒金东瀛珊瑚地被物景观

洒金东瀛珊瑚枝叶

洒金东瀛珊瑚果实

161 大叶黄杨 *Buxus megistophylla*

黄杨科 黄杨属

芳兰移植东园去，闲地何妨种冬青；
满地苍翠几点红，老翁七十满有兴。

常绿灌木或小乔木，树高可达6m。小枝略为四棱形；枝叶密生，树冠球形。单叶对生，倒卵形或椭圆形，边缘具钝齿，表面深绿色，有光泽。聚伞花序腋生，具长梗，花绿白色。蒴果球形，淡红色，假种皮橘红色。花期3~4月，果期6~7月。

性喜光，亦较耐阴。喜温暖湿润气候，亦较耐寒。要求肥沃疏松的土壤。

温带及亚热带树种，产于我国中部及北部各省，栽培甚普遍，日本亦有分布。

大叶黄杨叶色光亮，嫩叶鲜绿，极耐修剪，为庭园中常见绿篱树种。可经整形环植门旁道边，或作花坛中心栽植。

冬态景观

大叶黄杨枝叶

北京林科院大叶黄杨造型景观

大叶黄杨花序

大叶黄杨果实

162 爬行卫矛

卫矛科 卫矛属 扶芳藤变种

Euonymus fortunei* var. *radicans

角偶阴处不张扬，飞檐走壁身手强。

爬行出界

爬行卫矛枝叶

常绿藤本灌木，蔓长可达数米。小枝方形，棱不明显。叶薄革质，椭圆形、长方椭圆形或长倒卵形，宽窄变异较大；叶长3.5~8cm，宽1.5~4cm，先端钝或急尖，基部楔形；叶柄长3~6mm。聚伞花序；小聚伞花密集；花白绿色，花盘方形，花丝细长，花药圆心形；子房三角锥状。蒴果粉红色，果皮光滑，近球状；种子长方椭圆状，棕褐色。花期6月，果期10月。

性喜温暖、湿润环境；喜阳光，亦耐阴。在雨量充沛、云雾多、土壤和空气湿度大的条件下，植株生长健壮。对土壤适应性强，酸碱及中性土壤均能正常生长；可在砂石地、石灰岩山地栽培。

主产于我国江苏、浙江、安徽、江西、湖北、湖南、四川、陕西等省。多生长于山坡丛林中。

爬行卫矛有很强的攀缘能力，在园林绿化上常用于掩盖墙面、山石，或攀援在花格之上，形成一个垂直绿色屏障。

林内爬行卫矛爬行景观

163 丝棉木 *Euonymus maackii*

卫矛科 卫矛属

别称：华北卫矛、白杜

落叶小乔木，高达8m。叶卵状椭圆形、卵圆形或窄椭圆形，长4~8cm，宽2~5cm，先端长渐尖；叶柄通常细长。花淡白绿色或黄绿色，直径约8mm；小花梗长2.5~4mm；雄蕊花药紫红色，花丝细长。果成熟后果皮粉红色。种子长椭圆状，种皮棕黄色，假种皮橙红色。

性喜光，耐寒，耐旱，稍耐阴，也耐水湿。深根性植物，根萌蘖力强。有较强的适应能力，对土壤要求不严，中性土和微酸性土均能适应。

主产地北起黑龙江包括华北、内蒙古各省区，南到长江南岸各省区，但以长江以南栽培为多。

枝叶秀丽，入秋蒴果粉红色，果实有凸出的四棱角，开裂后露出橘红色假种皮，在树上悬挂长达2个月之久，引来鸟雀成群，很具观赏价值，是园林绿地的优良观赏树种。无论孤植，还是栽于行道，皆有风韵。对二氧化硫和氯气等有害气体抗性较强，可应用于工矿区园林绿化。

丝棉木枝叶

丝棉木花序

丝棉木果序

北京林科院丝棉木秋色

丝棉木树皮

164 栓翅卫矛 卫矛科 卫矛属

Euonymus phellomanus

枝条栓翅鬼箭羽，蒴果宿存几点红。

栓翅卫矛植株景观

落叶灌木，高3~4m。枝条硬直，常具4纵列木栓厚翅，在老枝上宽可达5~6mm。蒴果4棱，倒圆心状，粉红色；种子椭圆状，种脐、种皮棕色，假种皮橘红色，包被种子全部。花期7月，果期9~10月。

适应性强，耐寒、耐阴、耐修剪、耐干旱、瘠薄，对二氧化硫有较强抗性，生长较慢。

主产于甘肃、陕西、河南及四川北部等地。多生长于山谷林中，在靠近南方各省区，都分布于2000m以上的高海拔地带。

嫩叶及霜叶均紫红色，在阳光充足处秋叶鲜艳可爱；蒴果宿存很久，也颇美观，常植于庭园观赏。绿篱及绿雕室内盆栽，草坪及地被园中孤植，或丛植于斜坡、水边，或于山石间、亭廊边配植均甚合适。

泰山栓翅卫矛枝条景观

栓翅卫矛秋色

栓翅卫矛果序

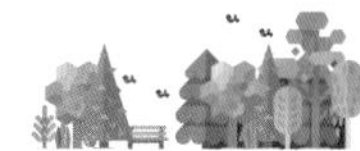

165 陕西卫矛 *Euonymus schensianus*

卫矛科 卫矛属

果梗垂丝系蒴果，阵风吹来似蝶舞。

落叶大灌木或小乔木，高达5m。枝条稍带灰红色。叶披针形或窄长卵形，长4~7cm，宽1.5~2cm，先端急尖或短渐尖，边缘有纤毛状细齿，基部阔楔形；叶柄细，长3~6mm。花序细柔，多数集生于小枝顶部，形成多花；每个聚伞花序具一细柔长梗，长4~10cm；花瓣常稍带红色，直径约7mm。

性喜光，稍耐阴，耐干旱，也耐水湿。对土壤要求不严，喜欢肥沃、湿润而排水良好的土壤，易于栽培，是优良的观果植物树种。

分布于湖北、甘肃、贵州、四川、陕西等地，多生长于海拔600~1000m的地区；常生长在沟边丛林中，目前尚未由人工引种栽培。

陕西卫矛枝叶茂密，蒴果四棱下垂，成熟后呈红色，开裂后露出橙黄色的假果皮。果梗下垂，果形奇特，似金线悬挂着蝴蝶，故称金丝吊蝴蝶。蒴果经久不落，被风一吹，远观似群蝶飞舞。深秋黄叶配上悬挂的鲜红果实，别有特色。

陕西卫矛植株景观

陕西卫矛垂果

陕西卫矛垂红

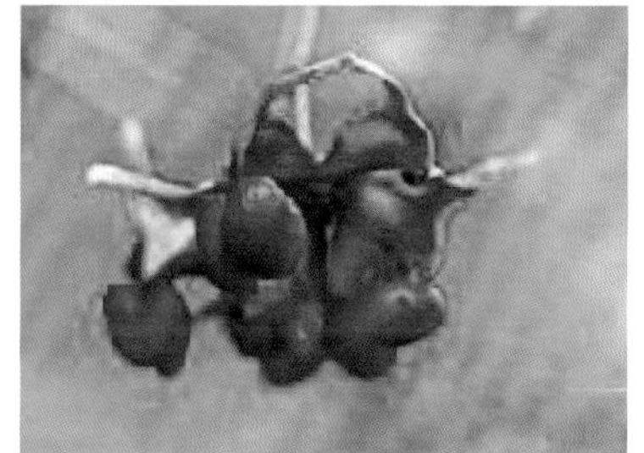

陕西卫矛果实成熟开裂

166 南蛇藤 *Celastrus orbiculatus*

卫矛科 南蛇藤属

蜿蜒曲折野趣横，秋冬红果照眼明。

南蛇藤花序

落叶藤状灌木，蔓长达5m。小枝光滑无毛，灰棕色或棕褐色。腋芽小，卵状到卵圆状。叶通常阔倒卵形、近圆形或长方椭圆形，边缘具锯齿，两面光滑无毛或叶背脉上具稀疏短柔毛。聚伞花序腋生，花小，雄花萼片钝三角形；花瓣倒卵椭圆形或长方形，花盘浅杯状，雌花花冠较雄花窄小，肉质，子房近球状。蒴果近球状，种子椭圆状稍扁，赤褐色。花期5~6月，果期10月。

抗寒耐旱，对土壤要求不严。栽植于背风向阳、湿润而排水好的肥沃砂质壤土中生长最好。

主产于黑龙江、吉林、辽宁、内蒙古、河北、山东、山西、河南、陕西、甘肃、江苏、安徽、浙江、江西、湖北、四川等地。为中国分布最广泛的树种之一，一般多野生于山地沟谷及临缘灌木丛中，垂直分布可达海拔1500m。

南蛇藤在藤本植物中属大型藤本植物，茎蔓蜿蜒曲折，野趣横生。南蛇藤植株姿态优美，茎、蔓、叶、果都具有较高的观赏价值，是城市垂直绿化的优良材料。特别是秋季叶片经霜变红或变黄时，特别美丽壮观；成熟的累累硕果，竞相开裂，露出鲜红色的假种皮，宛如颗颗宝石。

南蛇藤花形

北京植物园南蛇藤景观

南蛇藤枝条

南蛇藤种实

167 枸骨 *Ilex cornuta*

冬青科 冬青属

别称：鸟不栖

从来枸骨远凡尘，涧壁高崖寄此身。
万木皆黄独自翠，谓君应是成山神。

常绿灌木或小乔木，树高达5m。树皮灰白色。幼枝具纵脊及沟，沟内被微柔毛，三年生枝灰白色，具纵裂缝及隆起的叶痕，无皮孔。叶片厚革质，四角状长圆形或卵形，长4~9cm，宽2~4cm，先端具3枚尖硬刺齿，中央刺齿常反曲，基部圆形或近截形，两侧各具1~2刺齿；有时全缘（此情况常出现在卵形叶），叶面深绿色，具光泽，背淡绿色，无光泽，两面无毛；叶柄长4~8mm。

耐干旱，喜肥沃的酸性土壤，不耐盐碱。较耐寒，长江流域可露地越冬，能耐－5℃的短暂低温。喜阳光，也能耐阴，宜置于阴湿的环境中生长。

主产于江苏、上海、安徽、浙江、江西、湖北、湖南等地区；云南昆明等城市庭园有栽培。

枸骨枝叶稠密，叶形奇特，深绿光亮；入秋红果累累，经冬不凋，鲜艳美丽，是良好的观叶、观果树种。宜作基础种植及岩石园材料，也可孤植于花坛中心、对植于前庭、路口，或丛植于草坪边缘。同时又是很好的绿篱（兼有果篱、刺篱的效果）及盆栽材料。

枸骨果枝

枸骨叶形

枸骨造型景观

枸骨果实

168 黄杨 *Buxus sinica*

黄杨科 黄杨属

终年青翠伴山河，大江南北皆有踪。

常绿灌木或小乔木，高1~6m。枝圆柱形，有纵棱，灰白色；小枝四棱形，全面被短柔毛或外方相对两侧面无毛。叶革质，阔椭圆形、阔倒卵形、卵状椭圆形或长圆形，叶面光亮，中脉凸出，下半段常有微细毛。花序腋生，头状，花密集，雄花约10朵，无花梗，外萼片卵状椭圆形，内萼片近圆形，长2.5~3mm，无毛；雄蕊连花药长4mm，不育雌蕊有棒状柄，末端膨大；雌花萼片长3mm，子房较花柱稍长，无毛。蒴果近球形。花期3月，果期5~6月。

性喜光，在一般室内外条件下均可保持生长良好。喜湿润，可耐连续一月左右的阴雨天气；但忌长时间积水。耐旱，只要地表土壤或盆土不至完全干透，则无异常表现。耐热耐寒，可经受夏日暴晒和耐－20℃的严寒。

主产于中国陕西、甘肃、湖北、四川、贵州、广西、广东、江西、浙江、安徽、江苏、山东等省区，有部分属于人工栽培。野生多生于山谷、溪边、林下，海拔1200~2600m。

园林中常作绿篱、大型花坛镶边，修剪成球形或其他整形栽培，点缀山石或制作盆景。木材坚硬细密，是雕刻工艺的上等材料。

泰山岱庙黄杨

黄杨造型景观

黄杨雪景

黄杨叶形

169 龟甲冬青 冬青科 冬青属

***Ilex crenata* cv. convexa**

花细叶密青青子，雪压霜欺耿耿心。

常绿灌木，树高1~1.5m。多分枝，小枝有灰色细毛。叶小而密；叶生于1~2年生枝上，叶片革质，倒卵形、椭圆形或长圆状椭圆形，长1~3.5cm，宽5~15mm，先端圆形，钝或近急尖，基部钝或楔形，边缘具圆齿状锯齿。花白色。果球形，黑色。

喜温暖湿润和阳光充足的环境。耐半阴，可供观赏；以湿润、肥沃的微酸性黄土最为适宜，中性土壤亦能正常生长。较耐寒。

广泛分布于长江下游至华南、华东、华北部分地区。产地主要集中在湖南、浙江、福建、江苏等地。

龟甲冬青枝干苍劲古朴，叶子密集浓绿，有较好的观赏价值。园林多成片栽植作为地被树，也常用于彩块及彩条作为基础种植。也可植于花坛、树坛及园路交叉口，观赏效果均佳。地被质地细腻，修剪后轮廓分明，保持时间长。常作地被和绿篱使用，也可作盆栽。

龟甲冬青地被景观

龟甲冬青叶丛

青岛中山公园龟甲冬青景观

龟甲冬青叶形

170 乌桕 大戟科 乌桕属

Sapium sebiferum

偶看桕树梢头白，疑是江海小着花。

南京大学乌桕植株景观

泰山乌桕秋色

落叶乔木，树高达30m。树皮暗灰色，有纵裂纹。枝广展，具皮孔。叶互生，纸质，叶片菱形、菱状卵形。花单性，雌雄同株，聚集成顶生，长6~12cm的总状花序；雌花花梗粗壮，长3~3.5mm；苞片深3裂，裂片渐尖，基部两侧的腺体与雄花的相同，每一苞片内仅1朵雌花，花萼3深裂；子房卵球形，平滑，3室，花柱3，基部合生，柱头外卷。蒴果梨状球形，成熟时黑色，直径1~1.5cm。具3种子。种子扁球形，黑色，长约8mm，宽6~7mm，外被白色、蜡质的假种皮，宿存。花期4~8月。

对土壤的适应性较强，在红壤、黄壤、黄褐色土、紫色土、棕壤等土类，从砂到黏不同质地的土壤，以及酸性、中性或微碱性的土壤，均能生长，是抗盐性强的乔木树种之一。

分布于中国黄河以南各省区，北达陕西、甘肃。日本、越南、印度亦有分布。

乌桕具有极高的观赏价值。乌桕树冠整齐，叶形秀丽，秋叶经霜时如火如荼；成熟时的乌桕果十分美观。若与亭廊、花墙、山石等相配，也甚协调。冬日白色地乌桕种子挂满枝头，经久不凋，也颇美观。在园林绿化中可栽作护堤树、庭荫树及行道树。

乌桕秋叶

不速之客

乌桕种实

171 红背桂 大戟科 海漆属

Excoecaria cochinchinensis

枝叶潇洒清新秀，叶子上下二重天。

常绿小灌木，树高达1.5m。枝无毛，具多数皮孔。叶对生，稀兼有互生或近3片轮生；纸质；叶片狭椭圆形或长圆形，长6~14cm，宽1.2~4cm；腹面绿色，背面紫红或血红色；中脉于两面均凸起，侧脉8~12对，弧曲上升，离缘弯拱连接，网脉不明显；叶柄长3~10mm，无腺体；托叶卵形，顶端尖，长约1mm。

不耐干旱，不甚耐寒，生长适温15~25℃。冬季温度不可低于5℃。耐半阴，忌阳光曝晒；夏季放在庇荫处，可保持叶色浓绿。要求肥沃、排水好的微酸性砂壤土，不耐盐碱；怕涝。

分布于广东、广西、云南等中国南部地区。

红背桂枝叶飘飒，清新秀丽。盆栽常“点缀”室内厅堂、居室。南方用于庭园、公园、居住小区绿化。茂密的株丛，鲜艳的叶色，与建筑物或树丛构成自然、闲趣的景观。

红背桂植株景观

红背桂枝叶

红背桂叶形

红背桂花形

172 变叶木

Codiaeum variegatum

大戟科 变叶木属

五光十色夺人目，形态奇特照眼明。

变叶木展区

变叶木花序

常绿灌木或小乔木，高达2m。枝条无毛。叶薄革质，形状大小变异很大。基部楔形、两面无毛，绿色、淡绿色、紫红色、紫红与黄色相间、绿色叶片上散生黄色或金黄色斑点或斑纹；叶柄长0.2~2.5cm。总状花序腋生，雄花白色；花梗纤细；雌花淡黄色，无花瓣；花盘环状，花往外弯；花梗稍粗。蒴果近球形，无毛；种子长约6mm。花期9~10月。

喜高温、湿润和阳光充足的环境，不耐寒。冬季温度不可低于13℃。不耐干燥。

原产于亚洲马来半岛至大洋洲。中国华南各省区常见栽培。

变叶木因在其叶形、叶色上变化丰富多彩，显示出色彩美、姿态美，在观叶植物中深受人们喜爱。中国华南地区多用于公园、绿地和庭园美化，既可丛植，也可作绿篱，在长江流域及以北地区均作盆花栽培，装饰房间、厅堂和布置会场。其枝叶是插花理想的配色材料。

变叶木植株景观

变叶木盆景

173 一叶荻

大戟科 白饭树属

Flueggea suffruticosa

叶下垂珠似露珠，纤枝弱影性宽余。

棘深藏玉心拒染，苦淡融金神定居。

落叶灌木或小乔木，株高1~3m。夏秋沿茎叶下面开白色小花，无花柄。花后结扁圆形小果，形如小珠，排列于假复叶下面。花雌雄同株；雄花2~4朵簇生于叶腋，通常仅上面1朵开花；花梗长约0.5mm，基部有苞片1~2枚；萼片6，倒卵形，长约0.6mm，顶端钝；雌花梗长约0.5mm；萼片6，近相等。蒴果圆球状，直径1~2mm，红色，表面具小凸刺，有宿存的花柱和萼片；开裂后轴柱宿存。花期4~6月，果期7~11月。

喜温暖湿润，喜光，稍耐阴；生长土质以森林棕壤和砂质土壤为宜。多生于海拔200~1000m的山地灌木丛中。

中国原产种。华北地区有野生分布。东北、华中、华东、西南、西北地区也有零星生长。

一叶荻枝叶繁茂，花果密集，花色黄绿，果梗细长，果三棱扁平状，隐藏于叶下，颇有野趣。叶子入秋变红，极为美观。在园林中配置于假山、草坪、河畔、路边，具有良好的观赏价值。

一叶荻叶腋花芽

一叶荻叶腋花序

一叶荻叶形

北京植物园一叶荻果序景观

一叶荻植株秋色

174 重阳木

大戟科 秋枫属

Bischofia polycarpa

重阳木树皮

落叶乔木，高达15m，胸径达50cm，最高达1m。树皮褐色，厚6mm，纵裂。树冠伞形，大枝斜展。小枝无毛，当年生枝绿色，皮孔明显，灰白色，老枝变褐色，皮孔变锈褐色；三出复叶；叶柄长9~13.5cm；顶生小叶通常较两侧的大，小叶片纸质，卵形或椭圆状卵形，有时长圆状卵形，长5~9（~14）cm，宽3~6（~9）cm。

暖温带树种，喜光，稍耐阴。喜温暖气候，耐寒性较弱。对土壤的要求不严，在酸性土和微碱性土中皆可生长；耐旱，也耐瘠薄，且能耐水；抗风耐寒，生长快，根系发达。

中国原产树种。浙江（金华林业基地）、江苏（大丰林业基地）有大量培育。华北地区有少量引进栽培。产地秦岭、淮河流域以南至两广北部，在长江中下游平原习见。

重阳木树姿优美，冠如伞盖，花叶同放，花色淡绿，秋叶转红，艳丽夺目，是良好的庭荫和行道树种。用于堤岸、溪边、湖畔和草坪周围作为点缀树种极有观赏价值。孤植、丛植或与常绿树种配置，秋日分外壮丽。

山东枣庄市中医院大重阳木

重阳木树冠景观

重阳木树叶

175 枳椇

Hovenia acerba

鼠李科 枳椇属

别称：拐枣

黄绿白花簇满梢，青姿春夏且逍遥，

皮根材籽津医术，枳椇当阳称拐椒。

枳椇植株景观

落叶高大乔木，高10~25m。小枝褐色或黑紫色。叶互生，厚纸质至纸质；宽卵形、椭圆状卵形或心形；叶柄长2~5cm。二歧式聚伞圆锥花序，顶生和腋生；花两性，萼片具网状脉或纵条纹，花瓣椭圆状匙形。浆果状核果近球形，成熟时黄褐色或棕褐色；果柄肥厚弯曲。种子暗褐色或黑紫色。花期5~7月，果期8~10月。

枳椇耐寒，可在－15℃条件安全越冬。喜充足阳光，光照不足，生长缓慢，结实率下降。在积水低洼地或长期过分湿润的土壤上生长差。

产于中国甘肃、陕西、河南、安徽、江苏、浙江、江西、福建、广东、广西、湖南、湖北、四川、云南、贵州等地。

叶子卵圆形，花淡黄绿色，颇有野趣。在园林绿化上有一定观赏价值，可应用作庭荫树及行道树。

果实近球形，果柄肥厚弯曲，肉质，红褐色，味甜，可食，故称“拐枣”。历代医家一直用为解酒止渴药，适用于饮酒过量，酒醉不醒，口干烦渴等。

枳椇果实

枳椇花序

枳椇叶形

176 鼠李 *Rhamnus davurica*

鼠李科 鼠李属

鼠李枝叶

鼠李果序

落叶灌木或小乔木，高达10m。幼枝无毛，小枝对生或近对生，褐色或红褐色。叶纸质，对生或近对生，或在短枝上簇生；叶宽椭圆形或卵圆形，稀倒披针状椭圆形。花单性，雌雄异株，4基数，有花瓣；雌花1~3个生于叶腋或数个至20余个簇生于短枝端。核果球形，黑色，具2分核；种子卵圆形，黄褐色，背侧有与种子等长的狭纵沟。花期5~6月，果期7~10月。

深根性树种，对土质要求不高。怕湿热，喜湿润土壤，也有一定耐旱能力，但不耐积水。喜光，在光照充裕处生长良好。耐寒，-10℃无冻害。

我国主产于黑龙江、吉林、辽宁、河北、山西。西伯利亚及远东地区、蒙古和朝鲜也有分布。

鼠李是园林绿化的优良灌木树种，亦是制作盆景的佳木，也是我国重要的造林树种。苗木定植宜选择山地阴坡、半阴坡、半阳坡立地条件造林。

北京植物园鼠李植株景观

177 地锦 *Parthenocissus tricuspidata*

葡萄科 地锦属

别称：爬山虎、爬墙虎

远望南山青螺髻，小雨纷纷路人稀。

雨过花明景色好，古桥爬满红绿衣。

落叶藤本植物，树蔓长达10 m。叶子互生，叶由三片小叶构成掌状复叶；叶柄细长。茎上有卷须，能附着在岩石或墙壁上。卷须5~9分枝，先端具有吸盘；广卵形叶子，有时2~3裂，当叶子成熟时叶片长度约为8~18cm。叶子阔度约为6~16cm。叶子边缘为锯齿缘。叶基为楔形。夏季开黄绿色小花，聚伞花序；紫黑色浆果。

喜光，也能耐阴；攀援能力强，适应性强。多攀援于岩石、大树或墙壁上。对土质要求不严，肥瘠、酸碱均能生长。耐寒，亦耐暑热。

分布广，北起辽宁，南至广东，黑龙江、新疆等地也有栽培。日本也有分布。

垂直绿化植物。枝上有卷须，卷须尖端有粘性吸盘，遇到物体便吸附其上，无论是岩石、墙壁或是树木，均能吸附。夏季枝叶茂密，用于绿化房屋、墙壁、公园、山石，既可美化环境，又能降温。调节空气，减少噪音。

地锦秋色

地锦花形

地锦果实

地锦叶形

泰山脚下地锦景观

178 五叶地锦

Parthenocissus quinquefolia

葡萄科 地锦属

别称：美国爬山虎

夕阳一抹上阳台，窗外秋光任剪裁。

地锦应知我心事，一丛一丛露光彩。

大连植物园垂直绿化景观

五叶地锦幼叶

木质藤本植物，树蔓可长达10m。小枝圆柱形，无毛。卷须顶端嫩时尖细卷曲。叶片掌状，顶端短尾尖，基部楔形或阔楔形，边缘锯齿，上面绿色，下面浅绿色，两面无毛，网脉不明显；叶柄无毛。多歧聚伞花序，花蕾椭圆形，萼片碟形，无毛；花瓣，花药长椭圆形，花盘不明显；子房卵形，果实球形；种子倒卵形。花期6~7月，果期8~10月。

喜温暖气候，具有一定的耐寒能力，耐阴、耐贫瘠，对土壤与气候适应性较强；干燥条件下也能生存。在中性或偏碱性土壤中均可生长。

原产于北美。中国东北、华北各地广泛引种栽培。

五叶地锦在园林绿化中大有可为，它整株占地面积小，向空中延伸，很容易见到绿化效果。抗氯气强，随着季相变化而变色，是绿化、美化、彩化、净化的垂直绿化好材料。

北京圆明园五叶地锦秋色

179 栾树

Koelreuteria paniculata

无患子科 栾树属

别称：北京栾、北栾

落叶乔木，树高达20m。树皮厚，灰褐色至灰黑色，老时纵裂，皮孔小，灰至暗揭。小枝具疣点，与叶轴、叶柄均被皱曲的短柔毛或无毛。复叶，叶沿具明显缺刻。

性喜光，稍耐半阴。不耐水淹。耐干旱和瘠薄。喜欢生长于石灰质土壤中。栾树具有深根性，萌蘖力强。生长速度中等。有较强抗烟尘能力。抗寒，可抗－25℃低温。对粉尘、二氧化硫和臭氧均有较强的抗性。

主产于中国北部及中部大部分省区。东北自辽宁起经中部至西南部的云南均有分布。其中以华中、华东较为常见。

栾树春季嫩叶多为红色，夏季黄花满树，入秋叶色变黄，果实紫红，形似灯笼，十分美丽。是理想的园林绿化观叶、观果树种。广泛应用作庭荫树，行道树及园景树。

栾树秋色

栾树叶形及花序

泰山栾树盛花景观

栾树花形

栾树果实

180 金叶复叶槭

Acer negundo 'Aureum'

槭树科 槭属 羽叶槭栽培变种

金叶复叶槭植株景观

落叶乔木，高达20m。树冠圆球形，小枝粗壮光滑，绿色，有时带紫红色，被白粉。奇数羽状复叶，对生，小叶3~5枚，稀7~9枚，卵形或长椭圆状披针形，缘有不规则缺刻，顶生小叶常3浅裂；叶背沿脉有毛；入秋叶色金黄。花单性，无花瓣。果翅狭长，展开成锐角。花期3~4月，果熟期8~9月。

性喜光而耐庇荫。抗寒能力极强，可耐-40~-45℃低温。性耐旱，生长能力强。对土质要求不高，不论肥瘠或酸碱性土壤均能生长。

主产于我国东北、江浙、华南地区。

金叶复叶槭是欧美彩叶树种中金叶系的最有代表性树种，春季叶片金黄；夏季渐变为黄；夏季不焦边，是优良的彩叶行道树和园林彩叶点缀树种。金叶复叶槭羽状复叶很大，叶色柔和，生长势非常旺盛，年生长量可达两三米，它具有旺盛的生长势和萌芽力，病虫害少，成活率高。绿化中可修剪为绿篱。

大面积金叶复叶槭景观

金叶复叶槭叶形

金叶复叶槭茎干

181 文冠果

Xanthoceras sorbifolium

无患子科 文冠果属

别称：文官果

落叶灌木或小乔木，高可达5m。小枝褐红色，粗壮。叶连柄长可达30cm；小叶对生，两侧稍不对称，顶端渐尖，基部楔形，边缘有锐利锯齿。两性花的花序顶生，雄花序腋生，直立，总花梗短，花瓣白色，基部紫红色或黄色；花盘的角状附属体橙黄色，花丝无毛。蒴果长达6cm。种子黑色而有光泽。春季开花，秋初结果。

抗逆性强，具有耐寒、耐旱、耐贫瘠等特性；抗风沙，在石质山地、黄土丘陵、石灰性冲积土壤、固定或半固定的沙区均能成长。

分布于中国北部和东北。西至宁夏、甘肃，东北至辽宁；北至内蒙古，南至河南均有栽培。野生于丘陵山坡等处。

文冠果树姿秀丽，花序大，花朵稠密，花期长，甚为美观。可于公园、庭园、绿地孤植或群植。成龄文冠果根系发达，既扎得深，又分布广；根的皮层组织发达，占90%以上，就像根的外面包着很厚的一层海绵一样，能充分吸收和贮存水分。文冠果是防风固沙、小流域治理和荒漠化治理的优良树种。国家林业局2006~2015年的能源林建设规划当中，文冠果已成为三北地区的首选树种。

文冠果枝叶

文冠果花丛

北京植物园盛花文冠果景观

文冠果花序

文冠果果实

182 无患子
Sapindus mukorossi

无患子科 无患子属

别称：患子、油患子、苦患树、黄目树、洗手果

南京农业大学无患子景观

青岛中山公园无患子秋色

无患子枝叶秋色

无患子果实

落叶乔木，树高达20m。枝开展，叶互生；无托叶，有柄。圆锥花序，顶生及侧生；花杂性，花冠淡绿色，有短爪；花盘杯状；花丝有细毛，两性花雄蕊小，花丝有软毛。核果球形，熟时黄色或棕黄色。种子球形，黑色。花期6~7月，果期9~10月。

性喜光，稍耐阴，耐寒能力较强。对土壤要求不严，深根性，抗风力强。不耐水湿，能耐干旱。萌芽力弱，不耐修剪。对二氧化硫抗性较强，是工业城市生态绿化的首选树种。2年生结果，生长快，易种植养护。寿命长，可达100~200年树龄。

原产于中国长江流域以南各地。目前上海，浙江金华、兰溪等地区有大量栽培，其他地区不多见。

无患子树干通直，枝叶广展，绿荫稠密。到了冬季，满树叶色金黄，故又名黄金树。10月果实累累，橙黄美观，是园林绿化的优良观叶、观果树种。

183 龙眼

Dimocarpus longan

无患子科 龙眼属

别称：桂圆

越女收龙眼，蛮儿拾象牙。

长安千万里，走马送谁家。

常绿乔木，树体高大，达25m。多为偶数羽状复叶，小叶对生或互生。圆锥花序顶生或腋生。果球形，种子黑色有光泽。花期3~4月，果期7~8月。

喜高温多湿；温度是影响其生长、结实的主要因素，一般年平均温度超过20℃的地方，均能使龙眼生长发育良好。耐旱，耐酸，耐瘠薄，在红壤丘陵地、旱平地生长良好，栽培容易，寿命长，产量高，经济收益大。忌土壤涝洼。

中国的西南部至东南部栽培很广，以广东最盛，福建次之。云南及广西南部亦见野生或半野生于疏林中。亚洲南部和东南部也常有栽培。

龙眼开白花，成实于初秋。其果实累累而坠，颇具观赏趣味。园林上广泛应用于庭荫树及行道树。

购买龙眼时应注意与疯人果相鉴别，疯人果又叫龙荔，有毒，它的外壳较龙眼平滑，没有真桂圆的鳞斑状外壳，果肉粘手，不易剥离，也没有龙眼肉有韧性，仅有点带苦涩的甜味。

龙眼果实

福州市龙眼植株秋色

龙眼枝叶

龙眼花序

184 七叶树

Aesculus chinensis

七叶树科 七叶树属

别称：娑罗双树

七叶树叶形

落叶乔木，高达25m。树皮深褐色或灰褐色。小枝、圆柱形，黄褐色或灰褐色，有淡黄色的皮孔。冬芽大形，有树脂。掌状复叶。花序圆筒形，花序总轴有微柔毛，小花序常由5~10朵花组成，平斜向伸展，有微柔毛。果实球形或倒卵圆形，黄褐色，无刺，具很密的斑点。花期4~5月，果期10月。

性喜光，稍耐阴；喜温暖气候，也能耐寒；喜深厚、肥沃、湿润而排水良好之土壤。深根性，萌芽力强。生长速度中等，偏慢，寿命长。

中国黄河流域及东部各省均有栽培，仅秦岭有野生。

七叶树树干耸直，冠大阴浓，初夏繁花满树，蔚然可观，是优良的行道树和园林观赏树种。

相传佛祖释迦牟尼是在古印度北方的拘尸那迦罗城郊外的“娑罗双树”（即七叶树）下圆寂（去世）的。为了纪念佛祖，以表示对佛教的虔诚，后来佛门弟子在寺院里广植七叶树，将其视为“佛门圣树”。

七叶树花序

七叶树果实

北京潭柘寺古七叶树景观

青岛黄岛开发区七叶树行道树景观

185 元宝槭 *Acer truncatum*

槭树科 槭属

别称：元宝槭、平基槭、五角枫、枫树

春至枝桠吐绿芽，叶幽蜷曲裹黄花。
果如元宝挂满树，栽入家中准发家。

北京西山公园大门内元宝槭秋色

元宝槭秋叶

元宝槭花形

元宝槭果实

落叶乔木，高达8~10m，胸径80~180cm。树冠阔圆形。树皮灰黄色至灰色，有纵裂条纹。小枝对生，无毛，1年生枝淡赤褐色或绿色并带有绯红色，后呈灰色。单叶对生，掌状5裂，长5~10cm，宽6~15cm，全缘，先端渐尖。花小而黄绿色，花成顶生聚伞花序，4月花与叶同放。翅果扁平，翅较宽而略长于果核，形似元宝。花期5月，果期9月。

喜阳光充足的环境，但怕高温暴晒，又怕下午西射强光；稍耐阴；耐寒，能抗 -25℃左右的低温；耐旱，忌水涝；生长较慢；不择土壤且较耐移植。在北京地区盆栽埋盆可露地越冬。

产于吉林、辽宁、内蒙古、河北、山西、山东、江苏北部（徐州以北地区）、河南、陕西及甘肃等省区。

元宝枫树形优美，枝叶浓密，入秋后，颜色渐变红，红绿相映，甚为美观，是优良的园林绿化树种。在城市绿化中，适于在建筑物附近、庭园及绿地内散植；在郊野公园利用坡地片植，也会收到较好的景观效果。

186 三角枫

Acer buergerianum

槭树科 槭属

别称：三角槭

金秋云淡望长空，满山遍野三角枫。

忽有一日寒霜降，层林尽染映碧空。

落叶乔木，树高达15m。树皮褐色或深褐色。叶纸质，外貌椭圆形或倒卵形，长6~10cm，通常浅3裂，裂片向前延伸；叶柄长2.5~5cm。花多数，常成顶生被短柔毛的伞房花序，直径约3cm，总花梗长1.5~2cm，叶后开花；萼片5，黄绿色，卵形，无毛，长约1.5mm；花瓣5，淡黄色，狭窄披针形或匙状披针形。子房密被淡黄色长柔毛；花梗长5~10mm，细瘦，嫩时被长柔毛。翅果黄褐色；小坚果特别凸起，直径6mm。花期4月，果期8月。

性喜光，稍耐阴；喜温暖湿润气候，稍耐寒；较耐水湿；耐修剪。

主产于中国长江中下游地区及黄河流域。

三角枫枝叶浓密，夏季浓荫覆地，入秋叶色变成暗红，秀色佳美。宜孤植、丛植作庭荫树，也可作行道树及护岸树。在湖岸、溪边、谷地、草坪配植，或点缀于亭廊、山石间都很合适。其老桩常制成盆景，主干扭曲隆起，颇为奇特。此外，江南一带有栽作绿篱者，也别具风味。

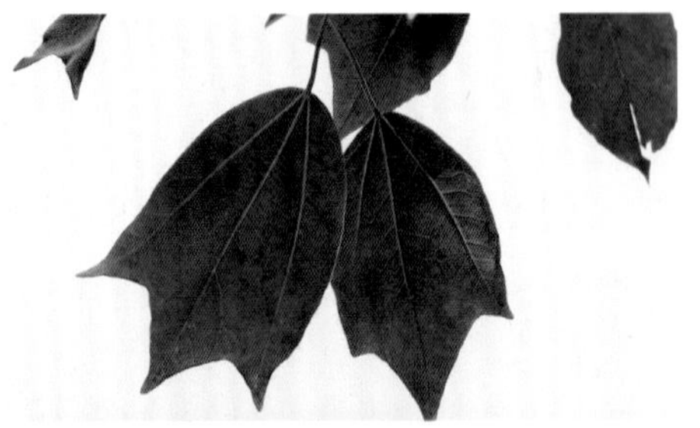

三角枫叶形

三角枫果序

青岛中山公园三角枫秋色

三角枫林秋色

187 红枫

械树科 槭属 鸡爪槭变种

Acer palmatum 'Atropurpureum'

红枫似火照山中，寒冷秋风袭树丛；
丹叶瞬间别枝去，来年满岭又枫红。

落叶乔木，树高达10m。枝条多细长光滑，偏紫红色。早春发芽时，嫩叶艳红，密生白色软毛，叶片舒展后渐脱落，叶色亦由艳丽转淡紫色甚至泛暗绿色。伞房花序，顶生，杂性花。翅果，幼时紫红色，成熟时黄棕色，果核球形。红枫的叶片里含有多种色素，分别为叶绿素、叶黄素、胡萝卜素、类胡萝卜素等。在植物早春生长季节，由于叶绿素占绝对优势，叶片便鲜嫩翠绿。秋季来临，气温下降，叶绿素合成受阻，同时叶绿素在低温下转化为叶黄素和花青素，叶片就呈现出黄色；而进一步转化为花色素苷的红色素，使叶片呈现出红色。花期4~5月，果熟期10月。

性喜光而又怕烈日曝晒；适温暖湿润气候，较耐寒，稍耐旱，不耐涝，适生于肥沃疏松排水良好的土壤。

产于浙江、安徽、江苏、河南、江西、上海、山东等地。

红枫春季新叶泛翠红，与成串的红色花朵相映成趣；秋季叶片为绚丽的红色，持续时间长，极富观赏价值。园林中广泛应用于风景观赏树。

草坪红枫

红枫叶形

青岛中山公园红枫景色

草坪孤植

188 风尾兰

Yucca gloriosa

天门冬科 丝兰属

别称：凤尾丝兰

绿肥红瘦雨随轩，凤尾轻骚扫巨源。

撼引群铃看似简，袅是一序却非繁。

常绿灌木，株高50~150cm。具主茎，有时分枝。叶密集，螺旋排列于茎端，质坚硬，有白粉，剑形，长40~70cm，顶端硬尖，边缘光滑，老叶有时具疏丝。圆锥花序高1m多，花大而下垂，乳白色，常带红晕。蒴果下垂，椭圆状卵形，不开裂。花期6~10月。

喜温暖湿润和阳光充足环境。性强健，耐瘠薄，耐寒，耐阴，耐旱也较耐湿；对土壤要求不严，对肥料要求不高。喜排水好的砂质壤土，瘠薄多石砾的堆土废地亦能适应。对酸碱度的适应范围较广，除盐碱地外均能生长。

原产于北美东部及东南部。中国华北及以南地区广泛栽培。

凤尾兰常年浓绿，花、叶皆美，树态奇特，数株成丛，高低不一，叶形如剑；开花时花茎高耸挺立，花色洁白，繁多的白花下垂如铃，姿态优美，花期持久，幽香宜人，是良好的庭园观赏树木，也是良好的鲜切花材料。常植于花坛中央、建筑前、草坪中、池畔、台坡、建筑物、路旁及绿篱等地，无不相宜。

济南植物园凤尾兰盛花景观

凤尾兰花序

凤尾兰含苞欲放

凤尾兰花芯

189 黄栌

Cotinus coggygria

漆树科 黄栌属

别称：红叶、黄道栌、黄溜子、黄龙头、雾树

满山红叶照眼明，雾中看花一谷烟。

落叶小乔木或灌木，树冠圆形，高可5m。单叶互生，叶片全缘或具齿，叶柄细，无托叶，叶倒卵形或卵圆形。圆锥花序疏松、顶生，花小、杂性，仅少数发育；不育花的花梗花后伸长，被羽状长柔毛，宿存；苞片披针形，早落；花萼5裂，宿存，裂片披针形；花瓣5枚，长卵圆形或卵状披针形，长度为花萼大小的2倍。内果皮角质；种子肾形，无胚乳。花期5~6月，果期7~8月。

性喜光，也耐半阴；耐寒，耐干旱瘠薄和碱性土壤，不耐水湿，宜植于土层深厚、肥沃而排水良好的砂质壤土中。 生长快，根系发达，萌蘖性强。对二氧化硫有较强抗性。秋季当昼夜温差大于10℃时，叶色开始变红。

原产于中国西南，现华北及以南各地广泛栽培。

黄栌是中国重要的彩叶观赏树种。树姿优美，茎、叶、花都有较高的观赏价值。特别是深秋，叶片霜后色彩鲜艳，美丽壮观；其果形别致，成熟果实色鲜红、艳丽夺目。著名的北京香山红叶、济南红叶谷的红叶树就是该树种。黄栌花后久留不落的不孕花的花梗呈粉红色羽毛状，在枝头形成似云似雾的景观，远远望去，宛如万缕罗纱缭绕树间，故黄栌又有“烟树”之称。

黄栌秋叶

黄栌果序上红色不孕花的花梗

济南红叶谷黄栌红叶景观

黄栌幼树

190 黄连木 *Pistacia chinensis*

漆树科 黄连木属

别称：楷木、楷树、黄楝树

一日寒霜降，万山皆红遍。

落叶乔木，高达30m。树皮成小方块状剥裂。小枝有柔。冬芽红褐色。花小，单性异株，无花瓣；雌花成腋生圆锥花序，雄花成密总状花序。核果球形，径约6mm，熟时红色或紫蓝色。

喜光，幼时稍耐阴；喜温暖，畏严寒；耐干旱瘠薄，对土壤要求不严，微酸性、中性和微碱性的砂质、黏质土均能适应，而以在肥沃、湿润而排水良好的石灰岩山地生长最好。深根性，主根发达，抗风力强。萌芽力强。生长较慢，寿命可长达300年以上。对二氧化硫、氯化氢和煤烟的抗性较强。

在中国分布广泛，黄河流域至华南、西南地区均有分布。

黄连木先叶开花，树冠浑圆，枝叶繁茂而秀丽，早春嫩叶泛红，入秋叶又变成深红或橙黄色；红色的雌花序也极美观，是城市及风景区的优良绿化树种，宜作庭荫树、行道树及观赏风景树，也常作“四旁”绿化及低山区造林树种。在园林中植于草坪、坡地、山谷，或于山石、亭阁之旁配植无不相宜。若要构成大片秋色红叶林，可与槭类、枫香等混植，景观效果更佳。

济南植物园黄连木秋景

青岛中山公园黄连木秋色

黄连木秋叶

黄连木果实

191 盐肤木 *Rhus chinensis*

漆树科 盐肤木属

泰山盐肤木景观

盐肤木秋叶

盐肤木花序

盐肤木果序

落叶小乔木或灌木，高可达10m。小枝棕褐色。叶片多形，卵形或椭圆状卵形或长圆形，先端急尖，基部圆形，顶生小叶基部楔形，叶面暗绿色，叶背粉绿色，小叶无柄。圆锥花序宽大，多分枝，雌花序较短，密被锈色柔毛；苞片披针形；花白色，裂片长卵形，花瓣倒卵状长圆形，开花时外卷；花丝线形，花药卵形；子房不育，卵形；核果球形，略压扁，成熟时红色。花期8~9月，果期10月。

喜光、喜温暖湿润气候。适应性强，耐寒。对土壤要求不严，在酸性、中性及石灰性土壤乃至干旱瘠薄的土壤中均能生长。根系发达，根萌蘖性很强，生长快。

在中国除东北、内蒙古和新疆外，其余省区均有分布。多生于海拔170~2700m的向阳山坡、沟谷、溪边的疏林或灌丛中。

在园林绿化中，可作为观叶、观果的树种。花繁，是良好的蜜源植物。

该种为五倍子蚜虫寄主植物，在幼枝和叶上形成虫瘿，即五倍子，可供鞣革、医药、塑料和墨水等工业上使用。

192 臭椿

苦木科 臭椿属

Ailanthus altissima

房前臭椿天堂树，堂北国槐千年华。

古稀老人相向舞，双亲乐此寿无涯。

落叶乔木，高达20m。树皮平滑而有直纹。嫩枝有髓，幼时被黄色或黄褐色柔毛，后脱落。叶为奇数羽状复叶，长40~60cm，柔碎后具臭味。圆锥花序长10~30cm；花淡绿色。翅果长椭圆形，长3~4.5cm，宽1~1.2cm；种子位于翅的中间，扁圆形。花期4~5月，果期8~10月。

喜光，不耐阴。适应性强，除黏土外，各种土壤和中性、酸性及钙质土都能生长，特别适生于深厚、肥沃、湿润的砂质土壤。耐寒，耐旱；不耐水湿，长期积水会烂根死亡。深根性。

分布于中国北部、东部及西南部，东南至台湾省。以黄河流域为分布中心。其中天津最为普遍，当地人们称之为“天堂树”。

臭椿树干通直高大，春季嫩叶紫红色，秋季红果满树，是良好的观赏树和行道树。可孤植、丛植或与其他树种混栽。适宜于工厂、矿区等绿化。

臭椿果序

山东农业大学臭椿盛花景观

臭椿雪景

193 红叶椿

苦木科 臭椿属 臭椿栽培变种

***Ailanthus altissima* 'Purpurata'**

落叶乔木，树高达15m。红叶椿又名红叶臭椿，是近几年培育成的一个臭椿变种，属乔木型春季红叶观赏新品种。红叶椿花序上的花，全部为单性雄花，只开花不结实。红叶椿的出现，改变了我国北方地区春季红叶树种几乎以灌木或小乔木为主的状况。

具有耐旱、耐寒、抗风沙、耐盐碱、耐风尘及病虫害少等特性。除重黏土和水湿地外，几乎各类土壤都能适应生长。尤其在土层深厚、排水良好而又肥沃的湿润土地上生长更好。

广泛分布于我国的华北、西北、东北大部分地区。其中栽培中心在山东潍坊、泰安等地。

红叶椿叶色红艳，持续期长，又兼备树体高大，树姿优美，抗逆性强、生长较快等诸多突出优点，因而具有极高的观赏价值和广泛的园林用途，可在城市绿化、风景园林及各类庭园绿地中设计配置，而且无论孤植、列植、丛植，还是与其他彩叶树种搭配，都能尽展风采而成为景观之亮点。

红叶椿树冠

红叶椿复叶

红叶椿树林秋景

194 香椿 楝科 香椿属

Toona sinensis

春霖霎霎润芳华，房外香椿吐嫩芽。
翁媪持钩围树采，菜香阵阵飘农家。

香椿果序

香椿花形

香椿花序

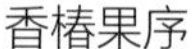

落叶乔木，树高达15m。雌雄异株。叶呈偶数羽状复叶。圆锥花序，两性花，白色。果实椭圆形蒴果；翅状种子，种子可以繁殖。

喜温，适宜在年均气温8~10℃的地区栽培；抗寒能力随苗木树龄的增加而提高。用种子直播的一年生幼苗在－10℃左右时受冻害。香椿喜光，较耐湿，适宜生长于河边、宅院周围肥沃湿润的土壤中，一般以砂壤土为好。适宜的土壤酸碱度为pH5.5~8.0。

原产于中国中部和南部。东北自辽宁南部，西至甘肃，北起内蒙古南部，南到广东、广西，西南至云南均有栽培。其中尤以山东、河南、河北栽培最多。

香椿树形高大、圆满，枝叶扶疏，花香怡人，颇具观赏价值。是华北、华东、华中低山丘陵或平原地区重要“四旁”绿化树种。大量应用于庭荫树及行道树。

香椿树植株景观

香椿裂开果皮

195 楝树

Melia azedarach

楝科 楝属

别称：苦楝

小雨轻风落楝花，细红如雪点平沙。

槿篱竹屋江村路，时见宜城卖酒家。

落叶乔木，高达20m。树冠宽阔而平顶。小枝粗壮，皮孔多而明显。叶互生，2~3回奇数羽状复叶。小叶卵形至椭圆形，先端渐尖，缘具钝尖锯齿，深浅不一，基部略偏斜。圆锥状复聚伞花序腋生，花淡紫色，有香味。核果近球形，熟时黄色，宿存枝头，经冬不落。花期4~5月，果熟期10~11月。

楝树叶形

强阳性树，不耐庇荫；喜温暖气候，对土壤要求不严。耐潮、风、水湿，但在积水处则生长不良。不耐干旱。不耐寒冷，枝梢生长快，梢端易受冻害。春季主梢下部成熟部位再萌发生长，形成分枝多、树干矮的特性。主根不明显，侧根发达，因而抗风力强。

主要分布于广西、江西、四川、湖北、安徽、江苏、河南、贵州、山东等地。

楝树树形潇洒，枝叶秀丽，花淡雅芳香，又耐烟尘、抗污染并能杀菌。故适宜作庭荫树、行道树、疗养林树种；也是工厂绿化、四旁绿化的好树种。

楝树花序

不速之客

泰山楝树行道树景观

楝树果序

196 枸橘

芸香科 枳属

Poncirus trifoliata

别称：枳实、臭橘、枸橘李

枝条翠绿遍身刺，秋果累累满树黄。

枸橘植株

落叶灌木或小乔木，树高达8m。树冠伞形或圆头形。枝有刺，花单朵或成对腋生，花径3.5~8cm，通常为白色。果近圆球形或梨形，有短柄，果肉甚酸且苦，带涩味；种子阔卵形，乳白或乳黄色。花期5~6月，果期9~11月。

性喜光，稍耐阴；喜温暖湿润气候，耐寒力较酸橙强，江浙多以此作柑橘类砧木；耐热；对土壤要求不严，中性土、微酸性土均能适应，略耐盐碱；以肥沃、深厚之微酸性黏性壤土生长为好。对二氧化硫、氯气抗性强，对氟化氢抗性差。萌发力强，耐修剪。

产于山东、河南、山西、陕西、甘肃、安徽、江苏、浙江、湖北、湖南、江西、广东、贵州、云南等省区。

枸橘枝条绿色而多刺，白花于春季先叶开放，秋季黄果累累，兼可观花、观果、观叶。在园林中多栽作绿篱或者作屏障树。耐修剪，可整形为各式篱垣及洞门形状；既有分隔园地的功能又有观赏效果，是良好的观赏树木之一。

泰山枸橘果枝景观

枸橘花枝

枸橘花形

197 黄檗

Phellodendron amurense

芸香科 黄檗属

别称：黄波椤

一柯云水寄沧浪，剑气寒凝日月光。

黄檗只增书客怨，风霜不挫少年狂。

落叶乔木，高10~25m。树皮厚，外皮灰褐色，木栓发达，不规则网状纵沟裂；内皮鲜黄色。小枝通常灰褐色或淡棕色，有小皮孔。奇数羽状复叶对生，小叶柄短；小叶5~15枚，披针形至卵状长圆形，长3~11cm，宽1.5~4cm，先端长渐尖，叶基广楔形或近圆形，边缘有细钝齿，齿缝有腺点，上面暗绿色，无毛；下面苍白色，仅中脉基部两侧密被柔毛，薄纸质。

性喜光，不耐荫蔽。适气候寒冷湿润的河谷两侧及山坡中下部土层深厚、肥沃、湿润的砂壤土；耐轻度盐碱；不耐干旱瘠薄的土壤及低洼地。

主产于东北和华北各省，河南、安徽北部、宁夏也有分布。内蒙古有少量栽种。

黄檗是我国三大珍贵阔叶树种之一，主要生长在山区。黄檗木材有光泽，年轮明显、均匀，材质软，易干燥、加工；材色、花纹均很美丽，油漆和胶结性能好，不易开裂；耐腐性好，是高级家具的用材。中华人民共和国成立后黄檗为我国禁伐木材，主要用于军队制造枪托。

泰山黄檗树景观

黄檗花序

黄檗干皮

黄檗果序

198 刺楸

五加科 刺楸属

Kalopanax septemlobus

别称：后娘棍、鼓钉刺、刺枫树

秋叶纷纷落刺楸，几多往事涌心头。
痛惜棒打鸳鸯散，别后相思泪暗流。

刺楸叶形

刺楸花序

刺楸果序

落叶乔木，高可达30m。小枝具粗刺。叶在长枝上互生，短枝上簇生；叶片近圆形，坚纸质；裂片三角状圆卵形至长椭圆状卵形，上面绿色。伞形花序合成顶生的圆锥花丛，花丝细长，果实近于圆球形，扁平。花果期7~10月。

性喜阳光充足和湿润的环境，稍耐阴；耐寒冷。

分布于中国东北、华北、华中、华南和西南地区。多生于山区山地疏林中。

刺楸叶形美观，叶色浓绿，树干通直挺拔，满身的硬刺在诸多园林树木中独树一帜，既能体现出粗犷的野趣，又能防止人或动物攀爬破坏，适合作行道树或园林配植。此外，刺楸木质坚硬细腻、花纹明显，是制作高级家具、乐器、工艺雕刻的良好材料。刺楸春季的嫩叶采摘后可供食用，气味清香、品质极佳，是美味野菜。刺楸在我国的东北和朝鲜、韩国、日本有着很高的知名度。

济南植物园刺楸盛花景观

刺楸皮刺

199 八角金盘 *Fatsia japonica*

五加科 八角金盘属

常绿灌木或小乔木，高达5m。茎光滑无刺。叶柄长10~30cm；叶片大，革质，近圆形，直径12~30cm，掌状7~9深裂，裂片长椭圆状卵形，先端短渐尖，基部心形，网脉在下面稍显着。圆锥花序顶生，长20~40cm；花序轴被褐色绒毛；花萼近全缘，无毛；花瓣5，卵状三角形，长2.5~3mm，黄白色，无毛；雄蕊5，花丝与花瓣等长；子房下位，5室，每室有1胚球；花柱5，分离；花盘凸起半圆形。果实近球形，直径5mm，熟时黑色。花期10~11月，果熟期翌年4月。

喜湿暖湿润的气候，耐阴，不耐干旱，有一定耐寒力。宜种植有排水良好和湿润的砂质壤土中。

原产于日本南部。中国广泛分布于华东、华南及云南等地。

八角金盘四季常青，叶片硕大，叶形优美，浓绿光亮，是深受欢迎的室内观叶植物。适应室内弱光环境，为宾馆、饭店、写字楼和家庭美化常用的植物材料，或作室内花坛的衬底。叶片是插花的良好配材。

八角金盘叶形

八角金盘花序

济南植物园八角金盘盛花景观

八角金盘花形

八角金盘果序

200 常春藤 五加科 常春藤属

Hedera helix

多年生常绿攀援灌木，茎长可达30m。气生根，茎灰棕色或黑棕色，光滑。单叶互生，花枝上的叶椭圆状披针形，营养枝上叶常3~5浅裂。伞形花序单个顶生，花淡黄白色或淡绿白以，花药紫色;花盘隆起，黄色。果实圆球形，红色或黄色。花期9~11月，果期翌年3~5月。

阴性藤本植物，也能生长在全光照的环境中。在温暖湿润的气候条件下生长良好。不耐寒。对土壤要求不严，喜湿润、疏松、肥沃的土壤，不耐盐碱。

分布地区广，北自甘肃东南部、陕西南部、河南、山东，南至广东、江西、福建，西自西藏波密，东至江苏、浙江。越南也有分布。

在庭园中可用以攀缘假山、岩石，或在建筑阴面作垂直绿化材料。可在华北小气候良好的稍荫环境栽植，也可盆栽供室内绿化观赏用。常春藤是室内垂吊栽培、组合栽培、绿雕栽培以及室外绿化应用的重要素材。

常春藤地被

常春藤枝条

攀援吸着根

北京植物园常春藤景观

201 楤木 五加科 楤木属

Aralia chinensis

泰山楤木植株景观

楤木枝叶

楤木枝刺

楤木花序

楤木果序

落叶灌木或乔木，高2~5m，稀达8m，胸径多10~15cm。树皮灰色，疏生粗壮直刺。小枝通常淡灰棕色，有黄棕色绒毛，疏生细刺。叶为二回或三回羽状复叶，长60~110cm；叶柄粗壮，长可达50cm；羽片有小叶5~11，稀13，基部有小叶1对。圆锥花序大，长30~60cm；分枝长20~35cm，密生淡黄棕色或灰色短柔毛；伞形花序直径1~1.5cm，有花多数；总花梗长1~4cm，密生短柔毛；花白色，芳香；花瓣5，卵状三角形，长1.5~2mm。果实球形，黑色，直径约3mm，有5棱。花期7~9月，果期9~12月。

耐阴，耐寒。但在阳光充足、温暖湿润的环境下生长更好。适宜空气湿度在30%~60%；喜肥沃而略偏酸性的土壤。

分布于甘肃、陕西、山西、河北、云南、广西、广东、福建、浙江、东北三省等地。多生于沟谷、阴坡、半阴坡海拔250~1000m的杂树林、阔叶林、阔叶混交林或次生林中。

园林中多栽培于林缘或林下及庭园、公园、树木园，供观赏。

202 夹竹桃

Nerium indicum

夹竹桃科 夹竹桃属

别称：柳叶桃

如柳似竹本来同，绿荫红妆一样浓。

红花灼灼胜桃花，五彩缤纷照眼明。

常绿直立大灌木，高可达5m。枝条灰绿色，嫩枝条具稜，被微毛。叶3~4枚轮生，叶面深绿，叶背浅绿色，中脉在叶面陷入，叶柄扁平。聚伞花序顶生，花冠深红色或粉红色，花冠为单瓣，呈5裂，其花冠为漏斗状。种子长圆形。花期几乎全年开花，以夏秋为最盛；果期一般在冬春季。花期为6~10月。

红花夹竹桃

喜温暖湿润的气候，耐寒力不强，在中国长江流域以南地区可以露地栽植，但在南京有时枝叶冻枯，小苗甚至冻死。在北方只能盆栽观赏，室内越冬，白花品种比红花品种耐寒力稍强。夹竹桃不耐水湿，要求选择高燥和排水良好的地方栽植。喜光好肥，也能适应较阴的环境，但庇荫处栽植花少色淡。萌蘖力强，树体受害后容易恢复。

中国江南各省区多有栽培，尤以华南为多。常在公园、风景区、道路旁或河旁、湖旁周围栽植。长江以北栽培者须在温室越冬。

夹竹桃的叶片如柳似竹，红花灼灼，胜似桃花。花冠粉红至深红或白色，有特殊香气。

上海人民公园高干夹竹桃

夹竹桃花形

白花夹竹桃

203 络石

夹竹桃科 络石属

Trachelospermum jasminoides

裸岩石缝安家，碟状风轮奇花。

常绿木质小藤本植物，茎蔓高10~30cm。茎赤褐色，幼枝被黄色柔毛，有气生根。常攀缘在树木、岩石及墙垣上生长。初夏5月开白色花，形如“万”字。有芳香。

对气侯的适应性强，能耐寒冷，亦耐暑；但忌严寒。河南北部以至华北地区露地不能越冬，只宜作盆栽，冬季移入室内。华南可在露地安全越夏。喜湿润环境，忌干风吹袭。喜弱光，亦耐烈日高温。攀附墙壁，阳面及阴面均可。较耐干旱，但忌水湿。盆栽不宜浇水过多，保持土壤润湿即可。

本种分布很广，山东、安徽、江苏、浙江、福建、台湾、江西、河北、河南、湖北、湖南、广东、广西、云南、贵州、四川、陕西等省区都有分布。原产于中国黄河流域以南，南北各地均有栽培。多生于山野、溪边、路旁、林缘或杂木林中，常缠绕于树上或攀援于墙壁、岩石上。

络石匍匐性、攀爬性较强，可搭配作色带、色块绿化用。在园林中多作地被，或盆栽观赏。络石“风轮状”“万”字形小白花观赏价值很高，颇具野趣。

青岛崂山爬满巨石的络石景观

络石茎干

络石果实

络石枝叶

络石花序

204 枸杞

Lycium chinense

茄科 枸杞属

僧房药树依寒井，井有香泉树有灵。

落叶藤本灌木，高0.5~1m，栽培时可达2m多。枝条细弱，弓状弯曲或俯垂，淡灰色，有纵条纹棘。生叶和花的棘刺较长，小枝顶端锐尖成棘刺状。叶纸质或栽培者质稍厚，单叶互生或2~4枚簇生，卵形、卵状菱形。花在长枝上单生或双生于叶腋，短枝上簇生。花梗长1~2cm，向顶端渐增粗。雄蕊较花冠稍短，或因花冠裂片外展而伸出花冠；花柱稍伸出雄蕊。浆果红色，卵状。花果期6~11月。

枸杞花枝

喜冷凉气候，耐寒力很强，枸杞在－25℃越冬无冻害。根系发达，抗旱能力强，在干旱荒漠地仍能生长。光照充足，枸杞枝条生长健壮，花果多，果粒大，产量高，品质好。耐盐碱性强。

分布于中国东北、河北、山西、陕西、甘肃南部以及西南、华中、华南和华东各省区。其中以宁夏枸杞最为有名。

枸杞树形婀娜，叶翠绿，花淡紫，果实鲜红，是很好的盆景观赏植物，现已有部分枸杞观赏栽培。

百年树状枸杞（北京赵贵江供稿）

泰山枸杞植株景观

枸杞果枝

205 海州常山 马鞭草科 大青属

Clerodendrum trichotomum

万树秋景清淡，忽现萼红成片。

五彩缤纷夺目，秋色也能震撼。

落叶灌木或小乔木，树高达10m。嫩枝棕色有短柔毛。单叶对生，叶卵圆形，长5~16cm，先端渐尖，基部多截形，全缘或有波状齿，叶柄2~8cm。伞房状聚伞花序着生顶部或腋间，花冠细长筒状，顶端五裂，白色或粉红色。核果球状，兰紫色。花果期6~11月。

性喜光也稍耐阴，喜凉爽湿润、温暖的气候环境。对土壤要求不严，无论酸性、中性石灰性或轻盐碱土壤均可良好生长。抗寒，抗旱，也抗有毒气体。

产于辽宁、甘肃、陕西以及华北、中南、西南各地。

花期长，花色美丽。由于具宿存性红色花萼，花落后，蓝紫色的核果为红色花萼所包围，仍如朵朵红花鲜艳照人，十分美丽。在园林绿化中具有特殊的观赏价值。夏秋观花，冬季赏萼、看果。广泛用于小区美化，庭园绿化，兼有绿化、美化、香化的多种意义。

济南植物园灌木状海州常山景观

海州常山花形

海州常山果序

青岛滨海海州常山盛花景观

206 桂花 木犀科 木犀属

Osmanthus fragrans

暗淡轻黄体性柔，情疏迹远只香留。

何须浅碧深红色，自是花中第一流。

——宋·李清照《鹧鸪天·桂花》

青岛中山公园桂花古树

金桂花形

常绿灌木或小乔木，树高达10m。树皮薄。叶长椭圆形，前端尖，对生，经冬不凋。花生叶腋间，花冠合瓣四裂，形小。其园艺品种繁多，最具代表性的有金桂、银桂、丹桂、月桂等。

在北方栽植耐寒性一般。黄河流域冬季需要特殊保护，才能安然越冬。

广泛分布在长江流域及以南地区。黄河流域及以北广泛盆栽，冬季进温室越冬。桂花喜酸性土壤，不耐盐碱。

桂花是中国传统十大名花之一，集绿化、美化、香化于一体。桂花终年常绿，枝繁叶茂，秋季开花，芳香四溢，可谓“独占三秋压群芳”。在园林中应用普遍，常作园景树，可孤植、对植，也有成丛成林栽种。在中国古典园林中，桂花常与建筑物、山、石搭配，以丛生灌木型的植株植于亭、台、楼、阁附近。旧式庭园常用对植，古称“双桂当庭”或“双桂留芳”。在住宅四旁或窗前栽植桂花树，能感受到“金风飘香”的意境效果。

南京灵谷寺桂花王

银桂花序

桂花枝叶

207 流苏

Chionanthus retusus

木犀科 流苏树属

晨钟暮鼓净人心，南山流苏暗香来。

落叶乔木，树高达15m。叶为单叶对生，叶片椭圆形或长圆形，全缘，近革质。雌雄异株。圆锥花序生于侧枝顶端；花冠白色，4深裂，裂片线状倒披针；雄花雄蕊2，雌花柱头2裂。秋季结果，核果椭圆形，蓝黑色。花期6~7月，果期9~10月。

流苏树喜光，不耐荫蔽，耐寒，耐旱，忌积水，生长速度较慢，寿命长，耐瘠薄，对土壤要求不严，但以在肥沃、通透性好的砂壤土中生长最好，有一定的耐盐碱能力，在pH8.7、含盐量0.2%的轻度盐碱土中能正常生长，未见任何不良反应。

主产于中国甘肃、陕西、山西、河北、山东、河南、云南、四川、广东、福建、台湾等地。朝鲜、日本也有分布。

流苏树植株高大优美、枝叶繁茂，花期如雪压树，且花形纤细，秀丽可爱，气味芳香，是优良的园林观赏树种。不论点缀、群植、列植，均具很好的观赏效果。既可于草坪中数株丛植，也宜于路旁、林缘、水畔、建筑物周围散植。

流苏花枝

流苏花簇

山东临淄土山后村四千年古流苏

流苏果实

208 女贞 木犀科 女贞属

Ligustrum lucidum

女贞花序

女贞花形

常绿灌木或乔木，高可达15m。树皮灰褐色。枝黄褐色、灰色或紫红色，圆柱形，疏生圆形或长圆形皮孔。叶片常绿，革质，卵形、长卵形或椭圆形至宽椭圆形，长6~17cm，宽3~8cm，先端锐尖至渐尖或钝，基部圆形或近圆形，有时宽楔形或渐狭。圆锥花序顶生，长8~20cm，宽8~25cm；花序梗长0~3cm；花序轴及分枝轴无毛，紫色或黄棕色，果实具棱。花期5~7月，果期7月至翌年5月。

耐寒性好，耐水湿，喜温暖湿润气候，喜光耐阴。深根性树种，须根发达，生长快，萌芽力强，耐修剪，但不耐瘠薄。对土壤要求不甚严格。

主要分布于江苏、浙江、江西、安徽、山东、四川、贵州、湖南、湖北、广西、广东、福建等地。

女贞四季婆娑，枝干扶疏，枝叶茂密，树形整齐，是园林中常用的观赏树种。可于庭园孤植或丛植，亦常作为行道树。因其适应性强，生长快又耐修剪，大量用作绿篱，一般经过3~4年即可成形，达到隔离效果。由于女贞常绿而又比较耐寒，所以华北黄河流域在园林上大量采用高干女贞作常绿行道树；大量采用矮干女贞作绿篱。

泰山盛花女贞行道树景观

女贞果实

女贞雪景

209 小蜡 *Ligustrum sinense*

木犀科 女贞属

落叶灌木或小乔木，高2~4m。小枝圆柱形，幼时被淡黄色短柔毛或柔毛，老时近无毛。叶片纸质或薄革质，卵形、椭圆状卵形、长圆形、长圆状椭圆形至披针形，或近圆形，先端锐尖、短渐尖至渐尖，或钝而微凹，基部宽楔形至近圆形，或为楔形，上面深绿色，疏被短柔毛或无毛。雄花裂片长圆状椭圆形或卵状椭圆形，花丝与裂片近等长或长于裂片，花药长圆形。果近球形，径5~8mm。花期3~6月，果期9~12月。

喜光，稍耐阴；不耐严寒；喜温暖湿润气候和深厚肥沃土壤，在瘠薄干旱地带和重盐碱地上生长不良。根系发达，萌芽和萌蘖性均强，极耐修剪整形。对二氧化硫等有害气体有抗性。

产于山东、江苏、浙江、安徽、江西、福建、台湾、湖北、湖南、广东、广西、贵州、四川、云南等地。多生于山坡、山谷、溪边、河旁、路边的密林、疏林或混交林中，海拔200~2600m。

小蜡枝叶稠密又耐修剪整形，适作绿篱、绿屏和园林点缀树种。树桩可作盆景，叶片可代茶饮用。抗有毒气体，适于厂矿绿化。

小蜡造型景观

小蜡叶形

小蜡花序

济南植物园小蜡盛花景观

小蜡果序

210 金叶女贞

Ligustrum × vicaryi

木犀科 女贞属

金边卵叶女贞与金叶欧洲女贞杂交种

女贞金叶四季黄，芳草天涯梦潇湘。

金叶女贞叶色

金叶女贞幼树

金叶女贞花序

金叶女贞造型地被

黄绿相间

半落叶小灌木，高达1.5m。是金边卵叶女贞和金叶欧洲女贞的杂交种。叶片较大叶女贞稍小；单叶对生，椭圆形或卵状椭圆形，长2~5cm。总状花序，小花白色。核果阔椭圆形，紫黑色。

适应性强，对土壤要求不严格，在我国黄河流域等地的气候条件均能适应，生长良好。性喜光，稍耐阴；耐寒能力较强，不耐高温高湿；在京津地区，小气候好的楼前避风处，冬季可以保持不落叶。抗病力强，很少有病虫危害。

华北南部至华东北部暖温带落叶阔叶林区广泛分布。

金叶女贞在生长季节叶色呈鲜丽的金黄色，可与红叶的紫叶小檗、红花继木、绿叶的龙柏、黄杨等组成灌木状色块，形成强烈的色彩对比，具极佳的观赏效果。在园林绿化中，主要用来组成图案和建造绿篱。

211 迎春
Jasminum nudiflorum

木犀科 素馨属

城头风光旌旗展，城下迎春踏雪看。

落叶灌木，株高30~80cm。小枝细长直立或拱形，下垂，呈纷披状。3小叶复叶交互对生，叶卵形至矩圆形。花单生在去年生的枝条上，先叶开放，有清香，金黄色，外染红晕。花期2~4月。百花之中开花最早。

喜光，稍耐阴；略耐寒；怕涝；在华北地区可露地越冬。要求温暖而湿润的气候及疏松肥沃和排水良好的砂质土；在酸性土中生长旺盛，碱性土中生长不良。根部萌发力强。枝条着地部分极易生根。

主产于中国山东、河北、甘肃、陕西、四川、云南西北部等地。多生山坡灌丛中，海拔800~2000m。中国及世界各地普遍栽培。

迎春枝条披垂，冬末至早春先花后叶，花色金黄，叶丛翠绿。在园林绿化中宜配置在湖边、溪畔、桥头、墙隅，或在草坪、林缘、坡地、房屋周围也可栽植，可供早春观花。迎春花与梅花、水仙和山茶花统称为“雪中四友”。迎春花不仅花色端庄秀丽，气质非凡，且具有不畏寒威、不择风土、适应性强的特点，历来为人们所喜爱。

泰山岱庙迎春盆景景观

迎春花丛

迎春枝叶

迎春花枝

迎春花形

212 云南黄馨

木犀科 素馨属

Jasminum mesnyi

别称：野迎春、梅氏茉莉、云南黄素馨、金腰带、南迎春

小枝细长丝丝垂，朵朵黄花堪绝美。

苏州拙政园云南黄馨景观

苏州退思园云南黄馨景观

苏州留园云南黄馨景观

云南黄馨花絮

常绿直立亚灌木，枝蔓长达3m。枝条下垂。小枝四棱形，具沟，光滑无毛。叶对生，三出复叶或小枝基部具单叶；叶柄长0.5~1.5cm，具沟；叶片和小叶片近革质，两面几无毛，叶缘反卷，具睫毛，中脉在下面凸起，侧脉不甚明显；小叶片长卵形或长卵状披针形，先端钝或圆，具小尖头，基部楔形。花果期3~4月。

喜光稍耐阴，喜温暖湿润气候。中性，不耐寒，适应性中等。花期过后应修剪整枝，有利于再生新枝及开花。

原产于我国云南，长江流域以南各地。现广泛分布于江苏、浙江、四川、贵州、云南等地。多生于峡谷、林中，海拔500~2600m。

云南黄馨花色艳黄，小枝细长而具婉垂，适合花架绿篱或坡地高地悬垂栽培。常用作绿篱，有很好的绿化效果。其枝条柔软，常如柳条下垂，如植于假山、池边，其枝条和盛开黄色花朵相映，别具风彩。

213 暴马丁香
Syringa reticulata* var. *amurensis

木犀科 丁香属 日本丁香亚种

落叶灌木或小乔木，高达10m。春末夏初花繁叶茂。叶片卵状披针形或卵形，全缘。圆锥花序大而稀疏，长20~25cm，密集压枝，花冠白色或黄白色、筒短，且芳香。蒴果矩圆形、平滑或有疣状突起。花期5~6月，果期9月。

喜光，喜温暖、湿润及阳光充足。耐寒，忌涝。稍耐阴，阴处或半阴处生长衰弱，花稀少。洼地种植，积水会引起病害，直至全株死亡。落叶后萌动前裸根移植，选土壤肥沃、排水良好的向阳处种植。

主产于中国东北、华北及西北。多生于山坡灌丛或林边、草地、沟边，或针、阔叶混交林中，海拔10~1200m。

暴马丁香花序大，花期长，树姿美观，花香浓郁，为著名的观赏花木之一，在中国园林中亦占有重要位置。园林中可植于建筑物的南向窗前，开花时，清香入室，沁人肺腑。广泛栽植于庭园、机关、厂矿、居民区等地。常丛植于建筑前、茶室凉亭周围；散植于园路两旁、草坪之中；与其他种类丁香配植成专类园，形成美丽、清雅、芳香、青枝绿叶，花开不绝的景区，效果极佳。

泰山暴马丁香

暴马丁香花序

暴马丁香花形

暴马丁香果实

暴马丁香干皮

214 北京黄丁香

Syringa reticulata **'Beijing-Huang'**

木犀科 丁香属 丁香栽培变种

紫白平常见，黄花不易寻。

物以稀为贵，丁香家族新。

落叶灌木或小乔木，树高达10m，是北京植物园从北京丁香实生苗中的一株黄色的品种经嫁接方式培育而得。干皮灰黑色。单叶对生，叶卵形至阔卵形，或为椭圆状卵形至卵状披针形，先端渐尖，基部圆形、截形至近心形，宽2~6cm，长2.5~10cm，叶脉5~7对，两面光滑，全缘。叶柄长1.5~3.5cm。枝干有皮孔，小枝皮孔较明显。花黄色，芳香，圆锥花序，长15~20cm。花期5~6月。

喜光，稍耐阴，耐寒，耐旱，不耐积水，对土壤要求不严，喜肥，喜排水良好的疏松土壤。应在早春进行移栽，忌种于低洼及排水不好的地方。

我国北京、河北、河南、山东等地均有引种栽培。在河北省任丘市华北油田工矿区栽植的北京黄丁香生长良好。

北京黄丁香的花色金黄、花絮大、花期长且芳香，树形丰满、高大挺拔，在丁香家族中独树一帜，园林应用前景极为广阔。

北京植物园北京黄丁香景观

北京黄丁香花簇

北京黄丁香花枝

北京黄丁香花序

215 垂枝连翘

Forsythia suspensa* var. *sieboldii

木犀科 连翘属 连翘变种

挺秀新枝不张扬，纷纷悬垂往下长。

不知蕴藉几多意，朵朵深黄映浅黄。

北京植物园垂枝连翘盛花景观

柔垂万丝绦

落叶灌木，高2~4m。枝细长，开展或伸长，小枝稍四棱形。节间中空无髓。单叶对生，叶片完整或三全裂，具柄；叶片卵形、长卵形、广卵形至圆形，先端尖，基部楔形或圆形，边缘有不整齐锯齿，半草质。花先叶开放，腋生；花萼绿色，裂片4，长圆形或长圆状椭圆形，边缘有毛；花冠黄色，裂片4，倒卵状椭圆形，基部联合成筒，花冠内有橘红色条纹；雄蕊2，着生于花冠基部，花丝极短；花柱细长，柱头2裂。蒴果狭卵形略扁，先端有短喙，成熟时2瓣裂；种子多数，狭椭圆形，棕色，一侧有翅。花期3~5月，果期7~9月。

性喜温暖湿润、阳光充足的环境，有一定耐寒力，在南方露天栽培可安全越冬。耐干旱贫瘠，对土壤要求不严，在酸性和碱性土壤也可正常生长。

广泛分布于辽宁、河北、山西、山东、江苏、湖北、江西、云南、陕西、甘肃等地区。

垂枝连翘枝条明显下垂，可达地面，姿态风雅。连翘花开在早春季节，花开于叶前，香气淡雅，满枝金黄。是早春优良的观花树种，极适用于园林、庭园栽培。

垂枝连翘花萼

垂枝连翘花形

216 梓树 紫葳科 梓属

Catalpa ovata

中原自古桑梓多，沧海粮田成故乡。

乔木落叶，高达15m。树冠倒卵形或椭圆形。树皮褐色或黄灰色。叶对生或近于对生，有时轮生，叶阔卵形，长宽相近，长约25cm。圆锥花序顶生，长10~18cm，花序梗，微被疏毛，长12~28cm；花梗长3~8mm，疏生毛；花萼圆球形，2唇开裂，长6~8mm；花萼2裂，裂片广卵形，顶端锐尖；花冠钟状，浅黄色。蒴果线形，下垂，深褐色，长20~30cm，粗5~7mm，冬季不落。花期6~7月，果期8~10月。

适应性较强，喜温暖，也能耐寒。土壤以深厚、湿润、肥沃的夹沙土较好。不耐干旱瘠薄。抗污染能力强，生长较快。可利用边角隙地栽培。

广泛分布于中国黄河流域及长江流域。东北南部、华北、西北、华中、西南等地也有栽培。

梓树树体端正，冠幅开展，叶大荫浓，春夏满树白花，秋冬荚果悬挂，具有较高的观赏价值。园林绿化广泛用于庭荫树及行道树。

古代中原人们家宅旁常栽种桑和梓，是说桑与梓，容易引起对父母的怀念。后来“桑梓”就用来作“故乡”的代称。种植桑树为了养蚕，种植梓树为了点灯（梓树的种子外面白色物质就是蜡烛的蜡，以前的人使用的蜡烛上的蜡都是靠梓树获得）。

济南植物园梓树景观

梓树花形

梓树果实

梓树叶形

梓树花序

217 楸树 紫葳科 梓属

Catalpa bungei

几岁生成为大树，一朝缠绕困长藤。

谁人与脱青罗帔，看吐高花万万层。

——唐·韩愈《楸树》

青州范公亭唐楸景观

白花楸树

黄花楸树

红花楸树

楸树种实

落叶大乔木，高达20m。叶三角状卵形或卵状长圆形，宽达8cm，顶端长渐尖，基部截形，阔楔形或心形，叶面深绿色，叶背无毛；叶柄长2~8cm。顶生伞房状总状花序，有花2~12朵；花萼蕾时圆球形，顶端有尖齿。花冠淡红色，内面具有2个黄色条纹及暗紫色斑点。蒴果线形。种子狭长椭圆形，长约10cm，宽约2cm，两端有毛。花期5~6月，果期6~10月。

性喜光，喜温暖湿润气候，不耐寒冷，适生于年平均气温10~15℃、降水量700~1200mm的地区。根蘖和萌芽能力都很强。在深厚、湿润、肥沃、疏松的中性土、微酸性土和钙质土中生长迅速，在轻盐碱土中也能正常生长。

主产于长江流域及湖南、广西、贵州、云南等地。黄河流域也有栽培。

楸树树形优美、花大色艳，宜作园林观赏树种。楸树叶被密毛、皮糙枝密，有利于隔音、减声、防噪、滞尘。楸树分别在叶、花、枝、果、树皮、冠形方面独具风姿，具有较高的观赏价值和绿化效果。

218 琼花

忍冬科 荚蒾属 木本绣球变型

Viburnum macrocephalum* f. *keteleeri

千点真珠擎素蕊，一环明月破香葩。

落叶及半常绿灌木或乔木，树高达5m。树皮灰褐色或灰白。芽、幼技、叶柄及花序被灰白色或黄白色簇状短毛。叶临冬至翌年春季逐渐落尽；纸质，卵形至椭圆形或卵状矩圆形，长5~11cm；叶柄长10~15mm。聚伞花序直径8~15cm，全部由大型不孕花组成；总花梗长1~2cm，第一级辐射枝5条，花生于第三级辐射枝上；萼筒筒状，长约2.5mm，宽约1mm；花冠白色，辐射状，直径1.5~4cm，裂片圆状倒卵形，筒部甚短；雄蕊长约3mm，花药小，近圆形；雌蕊不育。花期4~5月。

广泛分布于江苏南部、安徽西部、浙江、江西西北部、湖北西部及湖南南部。是扬州、昆山的市花。

喜光，略耐阴；喜温暖湿润气候，较耐寒；宜在肥沃、湿润、排水良好的土壤中生长；长势旺盛，萌芽力、萌蘖力均强；种子有隔年发芽习性。

琼花花大如玉盆，由八朵五瓣大花围成一周，环绕着中间那颗白色的珍珠似的小花（尚未开放的两性小花），簇拥着一团蝴蝶似的花蕊；微风吹拂之下，轻轻摇曳，宛若蝴蝶戏珠；又似八仙起舞，仙姿绰约，引人入胜。

琼花植株盛花景观

琼花花枝

琼花花形

琼花花序

219 天目琼花 *Viburnum opulus* f. *calvescens*

忍冬科 荚蒾属 欧洲荚蒾的变型

清静清廉呈洁玉，多姿多彩傲春秋。

似绸风动琼花笑，如蝶纷飞曼舞柔。

落叶灌木，高可达4m。冬芽卵圆形，有柄，无毛。叶片轮廓圆卵形至广卵形或倒卵形，通常3裂，掌状，无毛，裂片顶端渐尖，边缘具不整齐粗牙齿；叶柄粗壮，无毛。复伞形式聚伞花序，周围有大型的不孕花，总花梗粗壮，无毛，花生于第二至第三级辐射枝上，花梗极短；萼齿三角形，均无毛；花冠白色，辐射状，花药黄白色，不孕花白色。果实红色，近圆形，冬季宿存。花期5~6月，果熟期9~10月。

性喜光，稍耐阴；喜湿润空气，但在干旱气候下亦能生长良好。对土壤要求不严，在微酸性及中性土壤上都能生长。耐寒性强，根系发达，移植容易成活。

广泛分布于黑龙江、吉林、辽宁、河北北部、山西、陕西南部、甘肃南部、河南西部、山东、安徽南部和西部、浙江西北部、江西、湖北和四川等地。

天目琼花花大密集，具大型不孕花，优美壮观；秋叶变红，非常美丽；秋冬果红满枝，和白雪相衬，景色迷人。宜作行道、公园灌丛、墙边及建筑物前绿化树种。

青岛崂山天目琼花景观

天目琼花初花

天目琼花中花

天目琼花果枝

220 蝟实 忍冬科 蝟实属

Kolkwitzia amabilis

老干剥裂沧桑现，种实被毛富野趣。

蝟实叶形

蝟实花序

落叶灌木，株高3m。幼枝披柔毛，老枝皮剥落。叶椭圆形至卵状矩圆形，叶面疏生短柔毛，长3~7cm，先端尖，基部圆形，边缘疏生浅齿或近全缘。花粉红至紫红色，花冠钟状，伞房状聚伞花序生于侧枝顶端，每小花梗具2花。果实卵形，两个合生，其中一个不发育。花期为5~6月，果实8~9月成熟。

喜温暖湿润和光照充足的环境；有一定的耐寒性，-20℃地区可露地越冬。耐干旱，在肥沃而湿润的砂壤土中生长较好。

产于我国中部及西北部山东、河南、陕西、湖北、四川等省。北京可露地栽培安全越冬。

蝟实花密色艳，花期正值初夏百花凋谢之时，故更感可贵。宜露地丛植，宜可盆栽或作切花。

山东农业大学蝟实盛花景观

蝟实花形

蝟实种实

221 蝴蝶绣球
Viburnum plicatum

忍冬科 荚蒾属

别称：日本绣球、粉团、雪球

绣球春晚欲生寒，满树玲珑雪未干。

落遍杨花浑不觉，飞来蝴蝶忽成团。

——元·张昱《绣球花次兀颜廉使韵》

半常绿灌木，高可达4m左右。枝广展，树冠半球形。蝴蝶绣球的芽、幼枝、叶柄均被灰白或黄白色星状毛。冬芽裸露。单叶对生，卵形或椭圆形，端钝，基部圆形，缘有细锯齿，下面疏生星状毛。4~5月开大型球状花，聚伞花序复伞形，白色。浆果状核果，椭圆形。9~10月果熟。

喜光照，略耐阴，性强健，耐寒性不强，萌芽力和萌蘖力都比较强，耐修剪。能适应一般土壤，但宜生于肥沃、湿润的土壤。

原产于日本。我国长江流域及黄河流域栽培广泛，其他各地也有少量栽培。

蝴蝶绣球花树姿舒展，开花时白花满树，具有很高的观赏价值。宜配植在堂前屋后，墙下窗外，也可丛植于路旁林缘等处。

泰山岱庙蝴蝶绣球盛花景观

蝴蝶绣球花丛

蝴蝶绣球花枝

蝴蝶绣球枝叶

222 霸王榈

Bismarckia nobilis

棕榈科 棕榈属

别称：霸王椰子、霸王棕、俾斯麦榈

株型高大掌叶挺，雄伟壮观令人惊。

常绿乔木，单干通直粗壮，植株高可达20m，径达40cm。茎干具不规则环纹。叶多簇生于干顶，具革质；初期不分裂，长大后则分裂成掌状；裂片先端再2裂。背面有银白色蜡粉；叶柄具细齿缘，叶片银绿色。花为穗状花序下垂，腋生，雌雄异株。核果初为银绿色，成熟后变成深褐色，椭圆形至圆形，平滑。

热带树种。喜生长在阳光充足、高温高湿环境，耐热而又耐旱。

多见于我国海南、广东、广西及台湾南部。

霸王榈株型巨大，掌叶坚挺，叶色独特，为植物中的珍稀种类。在园林绿化中宜孤植、列植或群植等形式作为行道树、庭园树或公园树，效果均佳。

霸王榈植株景观

霸王榈叶形

霸王榈植株茎干

华南植物园霸王榈景观

223 椰子树 *Cocos nucifera* 棕榈科 椰子属

南洋万里风云路，碧海蓝天椰子树。

常绿乔木状棕榈植物，树高15~20m。茎粗壮，有环状叶痕，基部增粗，常有簇生小根。叶羽状全裂，长3~4m；裂片多数，外向折叠，革质，线状披针形，长65~100cm或更长，宽3~4cm，顶端渐尖；叶柄粗壮，长达1m以上。花序腋生，果卵球状或近球。果腔含有胚乳和汁液（椰子水）。花果期主要在秋季。

热带树种，适在年平均温度26~27℃、年温差小，年降雨量1300~2300mm、且分布均匀，年光照2000小时以上，海拔50m以下的沿海地区最为适宜。

原产于印度尼西亚至太平洋群岛。中国广东南部诸岛及雷州半岛、海南、台湾及云南南部热带地区均有广泛栽培。

椰子树形优美，是热带地区绿化美化环境的优良树种。平缓的海岸沙滩，加上千姿百态的椰子树，还有一些榕树和三角梅，这就是一个美丽的开放式滨海景区。

南海椰子树栈桥

滨海椰子树

深圳红树林生态公园椰子林

椰子果实

224 小佛肚竹 禾本科 簕竹属

Bambusa ventricosa

窗前一丛竹，大肚独言奇。

四季不落叶，新笋破土急。

肚大成佛

小佛肚竹盆景

常绿竹类植物，正常竿高8~10m，直径3~5cm。尾梢略下弯，下部稍呈“之”字形曲折，节间圆柱形，幼时无白蜡粉，光滑无毛，下部节间略微肿胀，畸形竿节间短缩而其基部肿胀；叶片线状披针形至披针形。花穗含两性小花6~8朵；花丝细长，花药黄色；子房具柄，宽卵形，顶端增厚而被毛，花柱极短，被毛，羽毛状。

性喜温暖、湿润；宜在肥沃、疏松、湿润、排水良好的砂质壤土中生长。耐水湿；喜光。抗寒力较低，能耐轻霜及极端0℃左右低温，但遇长期4~6℃低温，植株受寒害。

主产于广东。现我国南方长江流域普遍栽培。

小佛肚竹常作盆栽，施以人工截顶培植，形成畸形植株以供观赏。在地上种植时则形成高大竹丛，偶尔在正常竿中也长出少数畸形竿。

福州小佛肚竹景观

天下无奇不有

225 毛竹 *Phyllostachys heterocycla* 禾本科 刚竹属

宁可食无肉，不可居无竹，
无肉令人瘦，无竹令人俗，
人瘦尚可肥，士俗不可救。
——宋·苏东坡《于潜僧绿筠轩》

常绿乔木状竹类植物，竿高可达20余米，粗可达20多厘米。老竿无毛，并由绿色渐变为绿黄色；壁厚约1cm；竿环不明显，末级小枝2~4叶；叶耳不明显，叶舌隆起；叶片较小较薄，披针形，下表面在沿中脉基部有柔毛，花枝穗状，无叶耳；花丝长4mm，柱头羽毛状。颖果长椭圆形，顶端有宿存的花柱基部。笋期4月，花期5~8月。

要求温暖湿润的气候条件，年平均温度1~20℃，年降水量为1200~1800mm。对土壤的要求也高于一般树种，既需要充裕的水湿条件，又不耐积水淹浸。宜生长于肥沃、湿润、排水和透气性良好的酸性砂质土或砂质壤土的地方。

中国分布自秦岭、汉水流域至长江流域以南和台湾省；黄河流域有栽培。1737年引入日本栽培，后又引至欧美各国。

毛竹叶翠，四季常青，秀丽挺拔，经霜不凋，雅俗共赏，以此可提高人们的雅致。自古以来常置于庭园曲径、池畔、溪涧、山坡、石迹、天井、景门，以及室内盆栽观赏。常与松、梅共植，被誉为“岁寒三友”。

毛竹岛

安吉毛竹林

林大幽深

上海广场竹林

竹下配置

226 金镶玉竹 *Phyllostachys aureosulcata* 'Spectabilis'

禾本科 刚竹属 黄槽竹变种

因缘古寺翠微游，金镶玉竹眼底收。
黄绿相间秀雅美，竹中珍品世间疏。

常绿乔木状竹类植物，竿高可达10m余，径2~5cm。新竿为嫩黄色，后渐为金黄色。各节间有绿色纵纹，有的竹鞭也有绿色条纹。叶绿，少数叶有黄白色彩条。该竹竹竿鲜艳，黄绿相间，故称为金镶玉，非常引人注目。有的竹竿下部“之”字形弯曲。

金镶玉竹喜温暖湿润气候，北方宜栽植在背风向阳、且空气较为湿润处。

主产于长江流域。北京及全国其他地方有引种栽培。

金镶玉竹其珍奇处在那嫩黄色的竹竿上，于每节生枝叶处都天生成一道碧绿色的浅沟，位置节节交错。一眼望去，如根根金条上镶嵌着条条碧玉，清雅可爱。故《古海州志》中称其为“金镶碧嵌竹”，是竹中之珍品，在园林上具有极高观赏价值。

金镶玉竹叶形

金镶玉毛竹

金镶玉早园竹

泰山岱庙金镶玉竹林

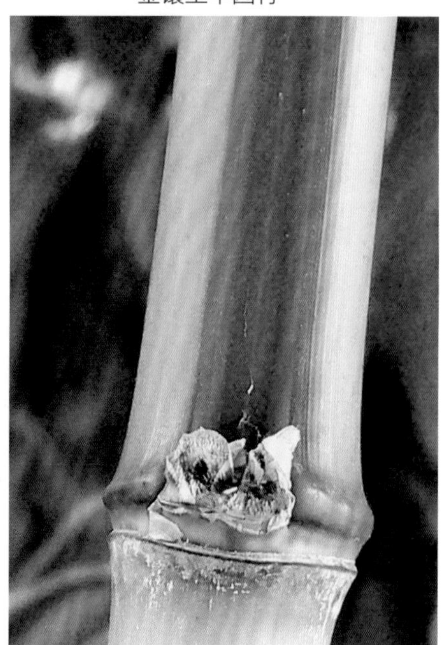
金镶玉竹

227 凌霄

紫葳科 凌霄属

Campsis grandiflora

披云似有凌霄志，登高胸怀捧日心。

飞檐走壁是能手，繁花艳丽更动人。

落叶攀援藤本，树高达8m。茎木质，表皮脱落，枯褐色，以气生根攀附于它物之上。叶对生，奇数羽状复叶。顶生疏散的短圆锥花序，花萼钟状，花冠内面鲜红色，外面橙黄色。雄蕊着生于花冠筒近基部，花丝线形。翼瓣长圆形，基部圆，龙骨瓣较翼瓣短，阔镰形。荚果倒披针形，长10~15cm，宽1.5~2cm，密被绒毛，悬垂枝上不脱落；有种子1~3粒；种子褐色，具光泽，圆形，宽1.5cm，扁平。花期4月中旬至5月上旬，果期5~8月。

喜充足阳光，也耐半阴。适应性较强，耐寒、耐旱、耐瘠薄，病虫害较少。忌积涝、湿热，一般不需要多浇水。要求土壤肥沃、排水好的沙土。有一定的耐盐碱性能力。

主产于长江流域各地。河北、山东、河南、福建、广东、广西、陕西等地有分布。台湾有栽培。

干枝虬曲多姿，翠叶团团如盖，花大色艳，花期甚长，为庭园中棚架、花门之良好绿化材料；用于攀援墙垣、枯树、石壁，均极适宜；点缀于假山间隙，繁花艳彩，更觉动人；经修剪、整枝等栽培措施，可成灌木状栽培观赏。管理粗放、适应性强，是理想的城市垂直绿化材料。

泰山岱庙凌霄攀援枯柏树顶开花

与高楼为伴

凌霄花序

228 对节白蜡

Fraxinus hupehensis

木犀科 梣属

别称：湖北梣、湖北白蜡

天赐神树，树形怪奇。

枝干玲珑，叶色苍翠。

青岛滨海大道对节白蜡景观

落叶大乔木，树高达15m。树皮深灰色，老时纵裂。营养枝常呈棘刺状。枝挺直，被细绒毛或无毛。羽状复叶长7~15cm；叶柄长3cm，基部不增厚；叶轴具狭翅，小叶着生处有关节，至少在节上被短柔毛；小叶7~9（~11）枚，革质，披针形至卵状披针形。花杂性，密集簇生于前一年生枝上，呈甚短的聚伞圆锥花序，长约1.5cm。花期2~3月，果期9月。

性喜光，稍耐寒，耐干旱、瘠薄，适应性强。

主产于中国湖北等地。现我国南北各大城市均有引种栽培。

树形奇特，枝条扶疏，侧生小枝棘刺状，是难得的园林观赏树种，群植或单植均可形成特殊景观，也可制作盆景或用为绿篱。对节白蜡盆景被誉为“活化石盆景”或“盆景之王”。对接白蜡是世界仅存的名贵孑遗树种，是世界风景树、盆景、根雕家族的极品。由于它生长缓慢，寿命长达2000年左右，并且树形优美，盘根错节，苍老挺秀，观赏价值极高。

青岛西海岸滨海大道造型对节白蜡景观

北京卧佛寺对节白蜡冬态

229 园林风景树仿生夜景

随着科学技术的发展，目前有不少城市对市内一些风景点的园林树木进行仿生装饰，并配以彩色灯光，这样可以大大提升夜间对园林树木的观赏效果。此举尤其是在城市欢庆节日期间，更是兴趣大增，令人震撼不已。夜间这些灯光好似一个个“夜明珠”，人们把这种形式称之为“珠光园林”，还有人们幽默的称之为“夜巴黎”，说明人们对这种形式非常喜欢和欢迎。

本节是作者在青岛市西海岸新区灵山湾路“博观星海”处拍摄的一组图片，原来树种是鸡爪槭（*Acer paimatum*），用于装饰的彩叶树种是银杏（*Ginkgo biloba*）。尽管当时拍摄条件有限，但毕竟观赏效果改观不少，只是作者本人摄影技术水平有限罢了。

夜景 1

夜景 2

夜景 3

夜景 4

全国及各省市市花、市树一览表

中国国花：牡丹、梅花
中国国树：银杏

1. 北京：月季、菊花；国槐、侧柏
2. 天津（沿海）：月季；绒毛白蜡
3. 上海（沿海）：玉兰；梧桐、香樟
4. 重庆：山茶花；黄葛树
5. 香港：洋紫荆
6. 澳门：荷花
7. 黑龙江（哈尔滨）：丁香；榆树
8. 吉林（长春）：君子兰
9. 辽宁（沈阳）：玫瑰；油松
10. 大连（沿海）：月季；刺槐、国槐
11. 内蒙古（呼和浩特）：丁香；油松
12. 新疆（乌鲁木齐）：玫瑰；大叶榆
13. 宁夏（银川）：玫瑰
14. 甘肃（兰州）：玫瑰；国槐
15. 青海（西宁）：丁香；柳树
16. 陕西（西安）：石榴、月季；国槐
17. 山西（太原）：菊花；国槐
18. 河北（石家庄）：月季；国槐
19. 秦皇岛（沿海）：月季；枣槐
20. 山东（济南）：荷花（莲花）；柳树
21. 青岛（沿海）：月季、山茶花；雪松
22. 威海（沿海）：桂花；合欢
23. 烟台（沿海）：紫薇；国槐
24. 河南（郑州）：月季；法国梧桐
25. 湖北（武昌）：梅花；水杉
26. 湖南（长沙）：杜鹃花；香樟
27. 江西（南昌）：金边瑞香、月季；香樟
28. 安徽（合肥）：石榴、桂花；广玉兰
29. 江苏（南京）：梅花、玉兰花；雪松
30. 连云港（沿海）：玉兰；银杏
31. 南通（沿海）：菊花；广玉兰
32. 浙江（杭州）：桂花；香樟
33. 温州（沿海）：山茶花；小叶榕
34. 宁波（沿海）：山茶花；樟树
35. 福建 （福州）：茉莉花；榕树
36. 厦门（经济特区）：三角花；凤凰木
37. 广东（广州）：木棉（红棉、攀枝花）；木棉
38. 深圳（经济特区）：三角花、杜鹃；荔枝
39. 珠海（经济特区）：三角花、杜鹃；紫荆
40. 湛江（沿海）：紫荆花（红花羊蹄甲）
41. 汕头（经济特区）：凤凰木（金凤花）、兰花；凤凰树
42. 四川（成都）：木芙蓉；银杏
43. 贵州（贵阳）：兰花、紫薇；竹子、樟树
44. 云南（昆明）：云南山茶（大茶花）；玉兰树
45. 西藏（拉萨）：玫瑰、格桑花
46. 广西（南宁）：扶桑（朱槿）；紫荆花、扁桃树
47. 北海（沿海）：叶子花（三角花）；小叶榕
48. 桂林：桂花；桂树
49. 海南（海口）：三叶梅；椰树
50. 三亚（沿海）：三角花；酸豆树
51. 台湾（台北）：杜鹃花；榕树

部分城市市花一览表

1. **月季花：**北京、天津、大连、南昌、常州、安庆、宜昌、郑州、蚌埠、吉安、焦作、平顶山、淮阴、泰州、阜阳、驻马店、三门峡、衡阳、鹰潭、淮南、淮北、青岛、潍坊、芜湖、石家庄、邯郸、邢台、沧州、廊坊、商丘、漯河、信阳、随州、恩施、娄底、邵阳、衡阳、宿迁、西昌、新余、锦州、辽阳、长治、西安、德阳市市花
2. **玫瑰花：**乌鲁木齐、兰州、银川、沈阳、佛山、拉萨、佳木斯、承德、延吉、奎屯、抚顺市市花
3. **玉兰花：**上海市市花
4. **牡丹花：**洛阳、菏泽、铜陵市市花
5. **菊花：**北京、太原、德州、芜湖、中山、湘潭、开封、南通、潍坊、彰化市市花
6. **梅花：**武汉、南京、无锡、丹江口、鄂州、梅州、南投市市花
7. **迎春花：**鹤壁、三明市市花
8. **紫薇：**安阳、襄樊、徐州、咸阳、烟台、泰安、信阳市市花
9. **石榴花：**新乡、黄石、荆门、合肥、南澳岛、连云港、枣庄、十堰、嘉兴、西安市市花
10. **木棉花：**广州市市花
11. **木芙蓉：**成都市市花
12. **山茶花：**宁波、温州、昆明、重庆、青岛、金华、景德镇、衡阳、万县市市花
13. **栀子花：**岳阳、常德、内江市市花
14. **茉莉花：**福州市市花
15. **桂花：**杭州、桂林、南阳、苏州、合肥、马鞍山、老河口、泸州、信阳、威海、黄山、广元、南昌、瑞金市市花
16. **兰花：**绍兴、贵阳、宜兰、保山、保定市市花
17. **旱莲：**汉中市市花
18. **君子兰：**长春市市花
19. **水仙花：**漳州市市花
20. **荷花：**肇庆、许昌、澳门、济南市市花
21. **刺桐：**泉州市市花
22. **叶子花：**深圳、惠安、厦门市市花
23. **天目琼花：**扬州市市花
24. **大丽花：**张家口市市花
25. **小丽花：**包头市市花
26. **白兰花：**东川市市花
27. **黄刺玫：**阜新市市花
28. **金凤花：**汕头市市花
29. **洋紫荆：**香港特别行政区、湛江市市花
30. **丁香花：**西宁、呼和浩特、哈尔滨、石嘴山市市花
31. **杜鹃花：**丹东、大理、三明、珠海、韶山、长沙、九江、巢湖、井冈山、嘉兴、余姚、无锡、台北、基隆市市花
32. **蜡梅：**镇江、淮北市市花
33. **天女木兰：**本溪市市花
34. **红继木：**株洲市市花
35. **百合花：**南平市市花
36. **朱槿：**南宁、玉溪市市花